纺织碳达峰碳中和科技创新出版工程

聚乳酸纤维应用指导手册

靳高岭　主　编

王永生　李增俊　副主编

中国化学纤维工业协会 等　组织编写

中国纺织出版社有限公司

内 容 提 要

　　本书内容包括聚乳酸纤维在原料、制备方法、织造、染整、应用、可降解、回收再利用等方面的发展现状、应用问题和解决方案。本书力求提供一个相对全面、实用的聚乳酸纤维应用指南，帮助新进入聚乳酸纤维行业的人员快速入门，助力从业者优化提升，共同降低聚乳酸纤维的应用门槛。

　　本书不仅可供聚乳酸纤维相关企业的管理人员、研发人员及工程技术人员使用，还可供纺织服装产业链相关企业、高校及科研院所的研究人员参考阅读。

图书在版编目（CIP）数据

聚乳酸纤维应用指导手册 / 靳高岭主编；王永生，李增俊副主编；中国化学纤维工业协会等组织编写.
北京：中国纺织出版社有限公司，2025. 8. -- ISBN 978-7-5229-3065-7

Ⅰ. TS102.52-62

中国国家版本馆 CIP 数据核字第 20254GL290 号

JURUSUAN XIANWEI YINGYONG ZHIDAO SHOUCE

责任编辑：范雨昕　刘夏颖　　责任校对：高　涵
责任印制：王艳丽

中国纺织出版社有限公司出版发行
地址：北京市朝阳区百子湾东里 A407 号楼　邮政编码：100124
销售电话：010—67004422　传真：010—87155801
http://www.c-textilep.com
中国纺织出版社天猫旗舰店
官方微博 http://weibo.com/2119887771
天津千鹤文化传播有限公司印刷　各地新华书店经销
2025 年 8 月第 1 版第 1 次印刷
开本：710×1000　1/16　印张：14.5
字数：250 千字　定价：168.00 元

编委成员

前　　言

　　纺织工业作为人类文明的重要标志和现代社会的基础产业，其生命力源于持续地创新。在全球积极探寻可持续发展路径的今天，生物基可降解、可循环利用材料正以前所未有的速度重塑着纺织产业的未来图景。其中，聚乳酸（PLA）纤维，以其源于可再生植物资源、可工业堆肥降解的独特环保属性，以及日益成熟的生产工艺和广阔的应用潜力，当之无愧地成为引领绿色变革的明星材料，被产业界和学术界寄予厚望，是未来纺织领域极具前景的战略性材料。

　　然而，纺织工业从来不是孤立环节的简单叠加，而是一个高度依赖产业链上下游、紧密协同、环环相扣的复杂生态系统。一种新材料的成功推广与应用，其关键不仅在于材料本身的优异性能，更在于能否有效打通从原料、制备方法、纺纱、织造、染整到终端产品设计、制造乃至回收利用或无公害处理、降解的全产业链应用通道，聚乳酸纤维的潜力释放正面临着一系列挑战。

　　当前，行业企业间对聚乳酸纤维的认知深度与技术储备存在显著差异。许多有志于进入或拓展聚乳酸纤维领域的企业，尤其是产业链中下游的企业，常常面临信息不对称的困境：不了解材料的特性边界、缺乏成熟的工艺参数、难以预判加工过程中的关键控制点。这使企业在尝试应用时，往往需要投入大量资源从头摸索，重复试错，不仅增加了成本和时间，更在无形中抬高了新材料应用的门槛，迟滞了聚乳酸纤维的市场化进程和规模化发展。

　　正是深刻认识到这一现状，并着眼于推动聚乳酸纤维产业的健康、快速发展，中国化学纤维工业协会积极发挥平台与纽带作用，联合产业链各环节的领先企业、权威高等院校及研究机构，共同启动了本书的编撰工作。本书汇聚了参与单位在聚乳酸纤维研发、生产、应用实践中积累的宝贵经验与部分技术参数，希望达到以下目的：

　　打破信息壁垒：系统介绍聚乳酸纤维的基本特性、适用场景与局限性，为产业链各环节提供清晰认知基础。

　　共享应用技术：公开梳理、整合从原料、制备方法、织造、非织造到染整等关键加工环节的成熟工艺路线、技术要点、质量控制标准及常见问题解决方案，力求减少重复摸索。

搭建协作桥梁：明确上下游环节间的技术衔接点与协同要求，促进产业链高效联动。

本书由靳高岭担任主编，王永生、李增俊担任副主编。具体编写分工如下：第1～第3章主要由中国纺织科学研究院赵庆章，东华大学乌婧编写，安徽丰原生物纤维股份有限公司范亚庆、陈中碧，易生新材料（苏州）有限公司杨义浒，安徽华茂集团有限公司徐小光，龙福环能科技股份有限公司郭前锋等参与编写；第4章主要由武汉纺织大学夏治刚编写，南通双弘纺织有限公司杨洋，青岛即发集团股份有限公司杨为东、万刚，青岛即发盛宝有限公司孙宗浩，安徽华茂集团有限公司叶葳以及中国棉纺织行业协会贺文婷等参与编写；第5章主要由江南大学马丕波编写，青岛即发集团股份有限公司杨帆、冯兆启，青岛颐和针织有限公司徐效硅、贾雄远，江苏聿米服装科技有限公司李聿健等参与编写；第6章主要由西安工程大学樊威编写，安徽华茂集团有限公司许正付，嘉兴大学曹建达，润益（嘉兴）新材料有限公司尚佳，泉州师范学院张宏杰等参与编写；第7、第10章主要由北京服装学院张秀芹编写，青岛即发集团股份有限公司杨为东、杨帆，上海福源龙盛新材料科技有限公司王耀村、愉悦家纺有限公司高洪国，易生新材料（苏州）有限公司杨义浒，安徽丰原生物纤维股份有限公司范亚庆、陈中碧，江苏聿米服装科技有限公司李聿健，扬州惠通生物新材料有限公司刘雄、龚磊，靖江维络缇纺织科技有限公司李瑞群等参与编写；第8章主要由菲诺染料化工（无锡）有限公司王震编写，青岛华诚染色有限公司许德涛，愉悦家纺有限公司高洪国，泉州师范学院冯丽丽等参与编写；第9章主要由天津工业大学王春红编写，易生新材料（苏州）有限公司杨义浒、鲁士君等参与编写；第11章主要由上海纺科院江版纺织技术服务有限公司（原上海纺织工业技术监督所）李红杰编写；第12章由东华大学乌婧编写；第13章主要由易生新材料（苏州）有限公司杨义浒编写，扬州惠通生物新材料有限公司刘雄、柴青立等参与编写。本书还得到了北京服装学院、安徽丰原生物纤维股份有限公司、易生新材料（苏州）有限公司、扬州惠通生物新材料有限公司、安徽华茂集团有限公司以及中国棉纺织行业协会、中国产业用纺织品行业协会、中国印染行业协会等兄弟协会的支持。在此一并感谢！

我们诚挚希望，本书的出版能够成为一盏指路明灯，帮助新进入聚乳酸行业的人员少走弯路，助力从业者优化提升，共同降低聚乳酸纤维的应用门槛。我们由衷感谢所有参与单位，他们所展现出的开放共享精神，以行业发展大局为重的胸怀，使得汇聚集体智慧、凝结行业共识的指导手册得以诞生。

　　需要说明的是，聚乳酸纤维技术及其应用仍在不断发展和优化中，本书旨在提供一个当前阶段相对全面、实用的应用技术框架，供企业参考。我们深知其内容仍有不断完善的空间，期待业界同仁在使用过程中提出宝贵意见和建议，也欢迎更多力量加入后续版本的修订与补充工作中，共同推动聚乳酸纤维技术的进步与应用边界的拓展。

　　最后，我们衷心感谢所有为聚乳酸纤维研发和应用作出贡献的科研人员、企业家和从业人员，也期待更多有志之士加入聚乳酸纤维事业中来，共同推动聚乳酸纤维的广泛应用和发展。

中国化学纤维工业协会

2025 年 7 月

目　　录

第1章　认识聚乳酸纤维

2-羟基丙酸又称乳酸，是一种在自然界中广泛存在的有机化合物，可以通过生物质原料（如玉米、木薯、蔗糖、纤维素等）的微生物发酵获得。聚乳酸是以乳酸为原料聚合而成的高分子材料，其合成分一步法和两步法。规模化生产的聚乳酸采用了两步法，即先将乳酸制成丙交酯，通过丙交酯的开环聚合获得聚乳酸。聚乳酸纤维则是以聚乳酸为原料，经熔融纺丝制备而成的生物可降解纤维。

2024 年，全世界聚乳酸的总产能约为 57.55 万吨，我国约占 47.79%（表 1-1）；我国聚乳酸纤维产能约为 13.6 万吨（表 1-2），聚乳酸纤维产量近 1 万吨。聚乳酸具有良好的生物可降解性，在自然环境中能够被微生物分解成二氧化碳和水，因此，聚乳酸纤维特别适合制作一次性的卫生用品和服饰。同时，它还具有良好的生物相容性和生物可吸收性，是制作医疗器件的理想原料。

表 1-1　世界聚乳酸主要生产企业

企业名称	所属地区	产能/（万吨/年）
NatureWorks 有限责任公司	美国	16
Total-corbin PLA 公司（TCP）	泰国	10
Synbra Technology bv	荷兰	5
帝人株式会社	日本	1
Hycail Oy	芬兰	0.5
Uhde Inventa-Fischer gmbH	德国	0.05
国外产能合计：30.05		
企业名称	所属地区	产能/（万吨/年）
安徽丰原生物技术股份有限公司	中国	10
浙江海正生物材料股份有限公司	中国	5.5
中粮科技生物科技股份有限公司	中国	1
深圳光华伟业股份有限公司	中国	1
扬州惠通生物新材料有限公司	中国	0.5

续表

企业名称	所属地区	产能/(万吨/年)
珠海金发生物材料有限公司	中国	3
无锡南大绿色环境友好材料技术研究院有限公司	中国	0.5
普立思生物科技有限公司	中国	5
联泓新材/江西科院生物新材料有限公司	中国	1
国内产能合计：27.5		
全球产能合计：57.55		

表1-2 我国聚乳酸纤维主要生产企业

企业名称	产能/(万吨/年)
安徽丰原生物纤维股份有限公司	1.1
易生新材料（苏州）有限公司	1.5
浙江安顺化纤有限公司	0.1
南京禾素时代抗菌材料科技集团有限公司	0.1
河北烨和祥新材料科技有限公司	2.5
浙江昌新生物纤维股份有限公司	3.0
上海德福伦新材料科技有限公司	0.6
龙福环能科技股份有限公司	0.5
新能新高（海宁新能纺织有限公司、海宁新高纤维有限公司）	0.2
安徽同光邦飞生物科技有限公司	0.5
东部湾（扬州）生物新材料有限公司	2.0
安徽华茂集团有限公司	1.5

1.1 聚乳酸纤维的发展历程

1913年，法国人通过缩聚的方法合成了聚乳酸，但由于分子量小，力学性能差，未能引起重视。

1932年，高分子化学之父卡罗瑟斯（Carothers）在美国杜邦（Dupont）公司用丙交酯开环聚合的方法获得了分子量达几千的聚乳酸。但其力学性能不够理想，仍然不具有实用价值。

1954 年，美国杜邦公司又对开环聚合法进行了改进和完善，最终生产出了具有实用价值的聚乳酸。聚乳酸不仅有良好的生物相容性，而且具有生物可降解性，美国的氰胺（Cyanamind）公司首先将其应用于手术缝纫线。20 世纪 70 年代，美国的爱情康（Ethicon）公司制备了乙交酯与丙交酯的共聚物（PGLA），可用作可被人体吸收的手术缝合线。此后，林斯莱格（Leenslag）等人研究出了更高分子量的聚乳酸，骨钉等可吸收骨折内固定材料由此诞生。

1987 年，美国的嘉吉（Cargill）公司开始投资研发新的聚乳酸制造技术；2001 年，Cargill 公司与陶氏（Dow）公司合作，投资 3 亿美元成立了嘉吉—陶氏公司［Cargill Dow Polymers（简称 CDP 公司）］，旨在以先进的技术实现聚乳酸的商业化生产。2002 年，该公司的聚乳酸年产量已达 14 万吨，其生产的聚乳酸切片商品名为"NatureWorks"，生产的聚乳酸纤维商品名为"英吉尔（Ingeo）"。NatureWorks 公司是 Cargill 公司下属的一家分公司。2005 年，美国 NatureWorks 公司宣布从美国 Cargill Dow 公司分离出来，独立从事乳酸和聚乳酸的开发、生产及销售。NatureWorks 公司目前聚乳酸的产能约为 15 万吨/年。若利用新的丙交酯纯化技术，可提升 10% 产量，因此，有望将产能提升至 16.5 万吨/年。近日，NatureWorks 的第二个生产基地落定，计划在泰国新建 7.5 万吨聚乳酸项目，项目包括乳酸、丙交酯和聚乳酸全套装置，计划 2025 年投产，届时 NatureWorks 的总产能将达到 24 万吨。2025 年，安徽丰原生物纤维有限公司产能将达到 40 万吨，位居世界前列。

德国的因韦塔—菲舍尔（Inventa-Fischer）公司、荷兰的辛布拉（Synbra）公司等都拥有千吨级的聚乳酸生产线。日本的岛津公司、三井化学公司、大日本油墨分别建有 500~1000 吨/年的工业装置，均有计划扩建或新建装置。

日本对聚乳酸纤维的研究较为活跃，并有多家公司推出了他们的商业化产品。日本钟纺（Kanebo）是世界上最早开发聚乳酸纤维的企业，早在 1989 年就开始研究聚乳酸材料，1994 年开发了聚乳酸纤维工业化技术，并推出了商品名为"聚乳酸（Lactron）"的纤维产品；日本的尤尼奇卡（Unitika）公司利用美国 CDP 公司提供的聚乳酸成功地推出了商品名为"泰拉马克（Terramac）"的聚乳酸纤维；日本帝人（Teijin）公司于 2009 年推出了商品名为"Biofront"的聚乳酸纤维。

我国对于聚乳酸的研究始于高校和研究院所。同济大学、东华大学、嘉兴大学、青岛大学和中国科学院长春应用化学研究所等都对聚乳酸及聚乳酸纤维的制备工艺有所研究。由于我国早期没有可选用的纺丝级聚乳酸，因此，相关企业和研究院所大多购买美国 CDP 的切片，但采购规模都不大。

安徽丰原生物纤维股份有限公司是中国农产品深加工领域的龙头企业、国家高新技术企业、国家专精特新"小巨人"企业、国家绿色工厂、国家绿色供应链管理企业。公司于2019年成功建成国内首条从葡萄糖发酵开始的年产5000吨乳酸、3000吨聚乳酸示范生产线，并于2020年1月建成投产年产18万吨乳酸生产线；2020年8月，建成投产年产10万吨聚乳酸生产线。目前30万吨/年聚乳酸生产线已经建成，正逐步投向市场。聚乳酸纤维总产能达到了11000吨/年，其中短纤维9800吨/年、长丝1000吨/年、丝束200吨/年。

恒天长江生物材料有限公司成立于2000年10月，前身为常熟市长江化纤有限公司，2015年1月加入恒天纤维集团有限公司。公司专注于聚乳酸纤维及无纺布的研发、生产，产品广泛应用于卫材、包装等领域。2017年建成了1万吨/年的聚乳酸连续聚合熔体直纺生产示范线和2000吨/年非织造布生产线。2023年12月，深圳光华伟业股份有限公司完成对其51.27%股权的收购，公司成为光华伟业旗下企业，现更名为易生新材料（苏州）有限公司。

安徽同光邦飞生物科技有限公司（简称同光邦飞）是一家专注于聚乳酸纤维研发与生产的高新技术企业，成立于2018年，为马鞍山同杰良生物材料有限公司的控股子公司，总部位于安徽巢湖经济开发区。公司于2021年10月建成1万吨/年短纤维生产线。其他如上海德福伦新材料科技有限公司、浙江安顺化纤有限公司、浙江昌新生物纤维股份有限公司等，都是在原有涤纶生产线的基础上进行工艺调整后生产聚乳酸纤维，依市场需求定量生产。

上海同杰良生物材料有限公司成立于2005年，公司由上海创业投资有限公司、上海杨浦科技投资发展有限公司、上海同济大学科技园有限公司、同济大学研发团队自然人共同出资组建，是一家生产与销售生物可降解聚乳酸树脂切片、聚乳酸改性材料、聚乳酸纤维及下游衍生品并为聚乳酸产业相关企业提供技术服务的高科技公司。该公司利用上海同济大学的"一步法"聚乳酸生产技术承担了国家863项目，并建成了千吨级实验生产线。在此基础上，公司于2013年在马鞍山建成了万吨级生物质聚乳酸生产线，并建成了聚乳酸纤维中试生产线。

浙江海正集团有限公司是由中国科学院长春应用化学研究所、台州市椒江区国有资产经营有限公司等于2004年8月共同出资组建。该公司采用两步法生产工艺，拥有聚乳酸生产的关键工艺——丙交酯合成技术。2005年，公司启动5000吨/年示范生产线建设；2015年，1万吨/年聚乳酸生产线投产；2020年12月，3万吨/年聚乳酸生产线投产成功，使浙江海正生物材料股份有限公司聚乳酸产能达4.5万吨。2021年3月，海正生物材料设立全资子公司——浙江海创达生物材料有限公司，共15万吨聚乳酸项目（一期）年产7.5万吨聚乳酸生产线设备正在安装中，2025 年 12 月前计划完成竣工并投料试产。二期预计竣工时间延长至 2028 年 12 月。

浙江德诚生物材料有限公司成立于 2020 年 12 月 29 日，由浙江德沛新材料有限公司和杭州德泓科技有限公司共同投资，主营聚乳酸。公司在宁波生物基可降解新材料产业基地建设年产 30 万吨乳酸、20 万吨聚乳酸、10 万吨聚乳酸纤维的生产基地，2024 年年产 1 万吨聚乳酸纤维项目获批。

吉林中粮生物材料有限公司成立于 2015 年 5 月，是中粮集团下属控股公司，吉林省生物基材料重点生产企业，现有聚乳酸产能 3 万吨，未来规模将扩至 12 万吨。

金发科技股份有限公司年产 3 万吨聚乳酸生产线 2024 年 3 月 11 日复产，2022 年 3 月，金发生物 3 万吨聚乳酸及 3 万吨改性聚乳酸项目公示，该项目外购丙交酯 3.2 万吨/年，另外，将适时启动后续 6 万吨聚乳酸项目，2024～2025 年新增 2 万吨聚乳酸改性树脂产能。

扬州惠通生物新材料有限公司一期 5000 吨/年产能于 2023 年投产，3 万吨/年产能于 2025 年投产，二期拟新建 7 万吨/年产能。

河南金丹乳酸科技股份有限公司以玉米为原料，形成"玉米—淀粉—糖—乳酸—丙交酯—聚乳酸—聚乳酸制品"全产业链闭环，2023 年乳酸系列产品年产能达 18.3 万吨、可降解材料 9 万吨。通过联合清华大学、南京大学等 11 家机构组建省级产业研究院，正在推进年产 15 万吨聚乳酸项目一期工程，年产 7.5 万吨项目预计 2026 年 6 月完成。

江西科院生物新材料有限公司是一家专注于聚乳酸全产业链研发与生产的生物基材料企业，成立于 2008 年，现为联泓新材料科技股份有限公司控股子公司。公司拥有从生物质到乳酸、丙交酯再到聚乳酸的完整技术链，并建成千吨级示范生产线，目前正在推进年产 20 万吨乳酸及 13 万吨聚乳酸的大型产业化项目。

1.2 聚乳酸纤维的制备工艺

规模化生产的聚乳酸纤维制造工艺为：乳酸—丙交酯—聚乳酸—聚乳酸纤维。

1.2.1 乳酸的制备

发酵法是目前普遍采用的制备方法，它以玉米、大米、甘薯等淀粉含量高的植物为主要原料。首先经预处理，有效地去除原料中的杂质，确保淀粉纯净。在适宜的温度和催化剂条件下，将淀粉水解成葡萄糖、麦芽糖、糊精等单体或低聚物。然后通过预热、冷却、杀菌和接种过程，在约 50℃ 的温度下进行发酵。最后通过分离提纯获得高纯度的乳酸。利用秸秆水解后产物经发酵制备乳酸是备受关注的发展方向。秸秆的主要成分为纤维素、半纤维素和木质素。纤维素经纤维素酶水解后生成六碳糖，半纤维素酶解后生成五碳糖，这两种糖经发酵可用于生产乳酸。这一生产工艺不仅可替代匮乏的传统粮食资源，而且解决了秸秆焚烧的污染问题，使可再生资源得到充分利用。

乳酸也可以通过合成法获取，如乳腈法和丙烯腈法。乳腈法是先让乙醛和氢氰酸反应生成乳腈，或者直接以乳腈为原料，在乳腈中加入硫酸和水后，通过水解可得到带有杂质的乳酸。接着将粗乳酸加入乙醇里，最后通过酯化反应和提纯可以得到高纯度的乳酸。丙烯腈法是先将丙烯腈加入硫酸水解，再把水解物与甲醇酯化，把硫酸氢铵从中分离。最后对粗酯进行分馏得到精酯，精酯水解得稀乳酸，经减压浓缩得浓乳酸。

1.2.2 丙交酯的制备

目前聚乳酸的制备通常采用两步法，即先将乳酸制成丙交酯，高纯度的丙交酯经开环聚合获得高聚合度的聚乳酸。丙交酯的制备工艺如下：首先以高纯度的乳酸为原料（包括 L-乳酸、D-乳酸及 DL-乳酸），在催化剂作用下进行缩聚反应，生成物为聚乳酸（分子量 500~2000）与水；然后低分子量的聚乳酸在 200~280℃ 高温下解聚，生成粗丙交酯蒸汽，解聚的副产物包括 M-丙交酯、乳酸二聚体、乳酸三聚体及有色物质等。混合物经蒸馏提纯，收集沸点为 216℃ 左右的馏分，经再结晶纯化，最后获得高纯度丙交酯。由于原料不同，产物丙交酯也不同，可分为左旋丙交酯（L-丙交酯）、右旋丙交酯（D-丙交酯）和内消旋丙交酯（Meso-丙交酯），丙交酯的主要性能指标见表 1-3。

表 1-3 丙交酯的主要性能指标

项目	指标			
	L-丙交酯		D-丙交酯	Meso-丙交酯
	优等品	合格品		
B-丙交酯纯度/% ≥	99.0	98.5	98.5	80.0
M-丙交酯含量/% ≤	0.5	1.0	1.0	—
熔点/℃	95	95	95	—
含水量/(mg/kg)	300	500	500	500
手性纯度/%	99.5	99.0	—	—

1. 2. 3　聚乳酸的制备

工业化生产的聚乳酸通常都采用丙交酯开环聚合法，因此，聚乳酸也被称为聚丙交酯。丙交酯开环聚合最大的特点是不会产生有助于逆反应的小分子。因此，该方法更容易获得高分子量的聚合物。其基本原理是将丙交酯单体在催化剂的作用下打开环状结构，与另一个丙交酯反应形成聚合物链。丙交酯开环聚合可根据其催化剂不同分为：阳离子开环聚合、阴离子开环聚合和配位插入开环聚合。

阳离子开环聚合：通常以强酸或烷基化试剂为催化剂，如三氟甲磺酸（CF_3SO_3H）。催化剂会进攻丙交酯上的羰基氧原子，形成氧鎓离子；随后，另一个羰基氧原子进攻这个氧鎓离子中的烷氧基，导致烷氧键断裂，形成一个新的碳正离子；这个碳正离子再进攻另一个丙交酯单体的羰基氧原子，如此循环，获得了不断增长的聚合物链。

阴离子开环聚合：阴离子开环聚合的机理较为复杂，涉及多个步骤和中间体。具体过程包括催化剂与丙交酯单体的配位作用，再通过一系列反应推动开环过程。

配位插入开环聚合：这种机理涉及金属催化剂与丙交酯单体的配位作用，通过插入反应推动开环过程。具体机制包括催化剂与单体配位后，通过配位键的断裂和形成推动聚合反应的进行。

除丙交酯法外，聚合方法还包括直接缩聚法、螺杆反应法、共沸脱水缩合聚合法及扩链法等。由于这些方法都是以乳酸（或低分子量聚乳酸）为原料，因此广义上都属于一步法。

乳酸单体直接缩合制备聚乳酸是最典型的一步法。在脱水剂的存在下，乳酸分子中的羟基和羧基受热脱水，这种方法通常只能获得低聚合度的聚乳酸。

反应挤出制备高分子量聚乳酸实质也属于一步法，它是利用间歇式搅拌反应器和双螺杆挤出机的组合，强化了反应条件，进而可以获得分子量达 150000 的聚乳酸。这一方法还可以用低摩尔质量的乳酸预聚物为原料，在挤出机上进一步缩聚，制备出较高摩尔质量的聚乳酸。

共沸脱水缩合是合成高分子量聚乳酸的另一种直接聚合的方法。在高温和催化剂条件下，以惰性有机溶剂（甲苯、二甲苯或二苯醚）与水共沸，在脱水缩合过程中及时消去反应中的水，从而形成低含水量、高分子量的聚乳酸。

1.2.4 聚乳酸纤维的工艺

聚乳酸纤维可通过多种纺丝方法获得，常见的是熔融纺丝法和溶液纺丝法。溶液纺丝法因溶剂的介入使纺丝工艺复杂化，还会带来环境污染，仅适用于制备特殊的产品，如采用 N,N-二甲基甲酰胺（DMF）等作为溶剂，通过静电纺丝法制备纳米纤维等。聚乳酸是热塑性聚合物，因此，可通过熔融纺丝制成纤维。熔融纺丝法工艺简单，可利用现有设备，如目前聚对苯二甲酸乙二酯（PET）、聚对苯二甲酸丁二酯（PBT）生产中大量使用的熔融纺丝设备，对设备进行改进，同时对工艺参数做适当的调整，都可用来生产聚乳酸纤维。规模化生产的聚乳酸纤维都是采用熔融纺丝法（切片熔融纺丝和聚合熔体直纺，本手册对聚乳酸纤维的熔体直纺技术不作描述）。同样，常规聚酯纤维生产中的各类工艺都可以用于聚乳酸纤维的生产中。例如，采用高速纺丝，直接牵伸，一步获得全牵伸丝；或采用纺丝和牵伸分开的两步法，先在中低速度下获得卷绕丝，经平衡后再进行多道拉伸，最后制得全牵伸丝；也可先制成预取向丝（POY），再经加弹制成低弹丝 DTY；也可以制成短纤维。从纤维的截面分，可通过喷丝孔的设计制备异形截面的聚乳酸纤维，它们也可与其他品种的聚合物一起生产各种类型的双组分复合纤维。总之，常规聚酯纤维生产中的各类工艺都可以在聚乳酸纤维制备中使用。

聚乳酸纤维制备过程中应关注聚乳酸的热稳定性。聚乳酸在潮湿的环境中会因酯键断裂发生水解反应而造成聚合物降解。同时，这种降解对温度敏感，会随着加工温度的上升而加剧。虽然这是高分子聚合物熔融纺丝的普遍规律，但聚乳酸的热降解要比 PBT、PET 严重，故其纺丝工艺条件更为苛刻。聚合物的降解会导致熔体黏度下降，影响纺丝正常进行，还会使纤维的颜色发生变化，因此，与 PET 和 PBT 相比，聚乳酸的纺丝温度必须严格控制，通常选择高出其熔点 40~50℃。与此同时，切片干燥应控制其含水率在一定范围内。除了这些工艺上的调整，也可以通过添加助剂和保护气氛的方法来减少聚乳酸的热降解。

1.3 聚乳酸纤维的性能与特点

1.3.1 聚乳酸纤维的物理及化学性能

聚乳酸纤维具有良好的力学性能，与涤纶相近。纤维的密度在 1.24~1.25g/cm³，显著低于棉、丝、毛等天然纤维，有助于制备轻薄的织物。聚乳酸纤维具有较高的断裂强度（3.2~4.9cN/dtex），与聚酯纤维的断裂强度相当，且湿态下仍然可以保持。其干态时的断裂伸长率大于涤纶以及粘胶、棉、蚕丝和麻纤维，与锦纶和羊毛纤维相近，在湿态时伸长率进一步增加。聚乳酸纤维有卓越的弹性回复率，在伸长5%时，其弹性回复率可以达到93%，在伸长10%时，弹性回复率仍能够达到64%，高于常用纤维，优于作为弹性纤维的锦纶，高弹性回复率可以赋予聚乳酸织物较好的抗皱性。聚乳酸纤维制成的服装质量较轻，回弹性好，悬垂性好，抗皱性优，对人体造成的压力小。但在聚乳酸纤维加工时需要注意调整纤维易伸长所引起的工艺参数的变化，避免服装的尺寸不稳定。聚乳酸纤维对大多数溶剂，包括干洗剂都显示了化学惰性，但耐碱性较弱。聚乳酸纤维极限氧指数≥26.0%，属于难燃纤维，阻燃性能比棉、毛、丝等天然纤维和涤纶等合成纤维都高。在靠近火焰时，纤维会熔缩；接触火焰时，纤维会熔融、燃烧，产生熔滴；纤维燃烧时有淡淡的特殊甜味，残留物为浅灰色胶状物。聚乳酸纤维燃烧时发热量低，只有轻微的烟雾释出，易自熄、火灾危险性小，且焚化时不会释放出氮化物、硫化物等有毒气体，燃烧后生成水和二氧化碳。聚乳酸纤维的分子链中含有丰富的 C—H 和 C—C 键，而这些化学键仅能吸收波长小于 290nm 的紫外线。地球表面的自然紫外线（UVA：315~400nm，UVB：280~315nm）经过大气臭氧层过滤后，其波长通常大于 290nm，而聚乳酸纤维一般不吸收波长大于 290nm 的光线，因此，照射到地球的紫外线对聚乳酸纤维几乎没有影响。同时，聚乳酸纤维将优异的抗紫外特性与环保可降解性完美结合，为户外装备、医疗用品、沙漠治理等领域的可持续材料应用开辟了新的可能性。聚乳酸材料表面呈弱酸性，同时具有疏水效果，从而抑制微生物的生长，因此，其具有天然稳定的抑菌和防螨效果。织物中聚乳酸纤维的比例达到30%就具备抑菌防螨效果，比例越高，效果越明显。例如，35%聚乳酸纤维、65%棉的毛巾经 100 次洗涤后，检测抑菌效果达到 5A 级；32.3%聚乳酸纤维、67.7%莱赛尔面料 50 次洗涤后检测驱螨率仍达到 70.99%。另外，由于聚乳酸纤维的吸水率低，在潮湿的环境里也不会发霉，具有防霉效果。聚乳酸纤维的公定回潮率为0.5%，回潮率介于 0.4%~0.6%，低于天然纤维和大部分合成纤维。聚乳酸纤维的纵面具有无规则的斑点及不连续的条纹，存在孔洞或裂缝，很容易形成毛细管效应，从而表现出良好的芯吸现象，水润湿性和水扩散性良好。这一特点使聚乳酸纤维制成的服装穿着时有滑爽感、不粘身体。聚乳酸纤维和其他常用纤维的主要物理性能见表1-4。

表 1-4　聚乳酸和其他常用纤维的主要物理性能

物理性能	聚乳酸纤维	涤纶	锦纶	粘胶纤维	棉纤维	蚕丝	羊毛
密度/（g/cm³）	1.24~1.25	1.38~1.39	1.14~1.15	1.52~1.53	1.54~1.55	1.0~1.45	1.3~1.32
回潮率/%	0.4~0.6	0.4~0.5	3.5~4.5	13~15	7.0~8.0	8.0~9.0	14~18
干强/（cN/dtex）	3.2~4.9	3.8~6.2	3.3~4.8	2.2~2.6	1.9~3.1	2.6~3.6	1.6~2.0
干伸长率/%	30~35	20~32	25~40	20~25	7.0~9.0	18~21	35~45
湿强/（cN/dtex）	3.0~4.4	3.6~6.0	3.0~4.4	1.0~1.5	2.6~3.0	2.2~3.3	1.4~1.8
湿伸长率/%	35~40	22~35	28~45	25~30	12~14	40~50	45~50
初始模量/（cN/dtex）	82~124	80~140	7.0~26.5	26~63	60~82	44~88	8.5~22
弹性回复率/%	93	65	89	32	52	52	69
熔点/℃	175	255	215				
燃烧热/（mJ/kg）	19	25~30	31	17	17	—	21
燃烧性	少烟	多烟	中烟	燃烧	燃烧	燃烧	燃烧（慢）
极限氧指数/%	≥26	20~22	20~24	17~19	17~20	23~24	24~25
抗紫外线	好	中等	差	差	中等偏差	中等偏差	中等

1.3.2　聚乳酸纤维的生物可降解性及生物相容性

聚乳酸的原料来自淀粉或秸秆纤维素等生物质的发酵产物，在正常温度和湿度下，聚乳酸纤维及其产品相当稳定。当暴露于特定温、湿度的自然环境（如沙土、淤泥、海水）中时，聚乳酸会被微生物完全降解成二氧化碳和水。顾书英等人的研究表明：聚乳酸降解的机理不同于天然纤维素类。在降解环境中，首先是聚乳酸主链上不稳定的酯键水解，水解主要发生在聚合物的非晶区和晶区表面，该过程使聚合物分子量下降，活性端基增多。而末端羧基对整个水解过程起到了一种自催化的作用，使降解速度加快，聚合物的规整结构进一步受到破坏（如结晶度、取向度下降）。自然环境中的降解除了水解，还与环境中存在的生物酶相关，且水解后的产物并不会变成水和二氧化碳，因为自然界中可直接分解聚乳酸的微生物及酶很少。聚乳酸纤维吸潮和吸湿率较低，不容易吸附霉菌，如果直接将聚乳酸纤维埋入土中，自然降解时间为2~3年；而若将聚乳酸纤维与有机废弃物混合掩埋，降解时间会大幅缩短，在堆肥条件下［温度（58±2）℃、湿度50%以上和微生物条件］3~6个月即可完全分解为二氧化碳和水，非常符合理想的可生物降解物定义。聚乳酸降解最终仍然要依靠微生物和酶，部分水解后的聚乳酸会产生大量的孔洞，促使水和微生物的渗入，内部产生生物降解，最后在酶的作用下降解成二氧化碳和水。水和二氧化碳是自然界生态平衡的重要因素，它们能够参与植物的光合作用，又会成为淀粉和纤维素秸秆的起始原料。因此，聚乳酸纤维是一种真正意义上的环保纤维。

聚乳酸具有良好的生物相容性。20 世纪 60 年代，库尔卡尼（Kulkami）等发现，高分子量的聚乳酸在人体内也可以降解。聚乳酸纤维的主要原材料聚乳酸是经美国食品药物管理局（FDA）认证可植入人体，具有 100% 生物相容性，安全无刺激的一种聚酯类物质。聚乳酸在人体内能够最终完全分解成为水和二氧化碳，再经人体循环排出体外，而这种分解过程的中间产物乳酸也是人体肌肉内能够产生的物质，可以被人体当作碳素源吸收，完全无毒性。早在 1962 年，美国 Cyanamid 公司发现，用聚乳酸制成的可吸收手术缝合线，克服了以往用多肽制备的缝合线所存在的过敏性问题，且具有良好的生物相容性，这种缝合线及其改进型产品至今仍然在市场上热销。近年来，随着聚乳酸合成、改性和加工技术的日益成熟，聚乳酸广泛应用于医用缝合线、药物释放系统和组织工程材料等生物医用领域。

1.3.3 聚乳酸纤维的碳足迹

聚乳酸纤维作为一种极具潜力的新兴绿色材料，在碳足迹方面有着出色的表现。聚乳酸纤维的碳足迹通常通过生命周期评估（LCA）方法计算。LCA 方法全面考虑了从原材料获取到产品使用和废弃处理的各个阶段的碳排放。具体计算步骤包括：确定系统边界（明确生命周期的各个阶段，包括原材料种植、乳酸发酵、丙交酯合成、聚乳酸聚合、纤维加工等）、数据收集（收集聚合物生产过程中的能源消耗、原材料使用、废弃物排放等数据）、碳排放计算（根据收集的数据，利用排放因子计算各阶段的碳排放量）和碳足迹汇总（将各阶段的碳排放量累加，得到聚乳酸纤维的总碳足迹）。

聚乳酸纤维的生产原料主要来源于玉米、农作物秸秆等生物质材料。这些植物在生长过程中，通过光合作用吸收大量二氧化碳，并将其转化为自身的有机物质，就如同把碳元素"锁"在了材料内部。当这些植物被加工制成聚乳酸材料时，其中的碳元素自然而然地成为聚乳酸纤维的一部分。同时，在制造过程中所释放的碳，主要来源于大气中的二氧化碳，而非从地下开采的化石燃料，这就从源头上减少了碳排放。以玉米为例，在其生长的几个月时间里，每一株玉米通过光合作用大约能固定 2~3kg 二氧化碳，大量的玉米作为聚乳酸纤维的原料，对碳减排的贡献不可小觑。

从生产环节分析，聚乳酸纤维的碳足迹明显低于传统的石化基纤维。聚乳酸材料采用生物发酵工艺进行制造，与传统的高能耗生产工艺相比，生物发酵所需的能量大幅减少。在制造过程中，微生物发挥着关键作用，它们将原料逐步转化为可用的聚乳酸材料，这一过程能耗较低，从而极大地降低了碳排放。反观传统纤维的生产，往往高度依赖大量的化石燃料，这不可避免地导致了大量温室气体的排放。例如，传统的聚酯纤维生产过程中，每生产 1 吨产品大约需要消耗 6~8 吨标准煤，同时排放大量的二氧化碳、二氧化硫等污染物。而聚乳酸纤维由于能耗低，其碳排放也随之大幅降低。研究表明，聚乳酸的全球变暖潜力（GWP）仅为 500g/kg，相比传统塑料减少了约 75% 的碳排放，聚乳酸的碳足迹仅为传统塑料和纤维的 10%~15%。例如，与聚丙烯（PP）、聚乙烯（PE）等传统塑料相比，聚乳酸碳足迹不到 PP 或 PE 的 20%。在中国，使用玉米生产的聚乳酸，其碳足迹仅为传统塑料的 10% 左右。每吨聚乳酸的碳足迹约为 0.622 吨 CO_2。相比之下，传统塑料如聚碳酸酯（PC）的碳足迹高达 5 吨 CO_2，聚丙烯（PP）和聚乙烯（PE）的碳足迹为 3~4 吨 CO_2。这一数据直观地体现了聚乳酸纤维在生产过程中的低碳优势。在一些实际生产案例中，某企业采用新型生物发酵技术生产聚乳酸纤维，相较于之前采用传统工艺生产同类纤维，每年可减少碳排放数千吨，节能效果显著。

在材料使用后的处理阶段，聚乳酸纤维的环保优势同样十分突出。其具有良好的生物可降解性，废弃后能够在自然环境中完全分解为二氧化碳和水，不会留下难以处理的碳垃圾，也不会对环境造成长期的污染和负担。与之形成强烈反差的是，传统的石化基纤维在自然环境中极难降解，它们会长期存在于土壤、海洋等生态环境中，不仅占用大量的空间资源，还可能对生态系统的平衡造成严重破坏。据统计，海洋中每年新增的塑料垃圾中，很大一部分是难以降解的传统塑料和纤维制品，这些垃圾会被海洋生物误食，导致大量海洋生物死亡，破坏海洋食物链。而聚乳酸纤维在自然降解过程中，能够顺利地参与自然界的碳循环，与整个生态系统相互融合、和谐共生，不会额外增加碳排放的负担，真正实现了从生产到废弃全生命周期的低碳环保。在土壤中，聚乳酸纤维制品通常在几个月到一年内就能完全降解，回归自然循环。

聚乳酸纤维的碳足迹仍有进一步降低的潜力。例如，通过改进原材料种植技术、提高生产效率、使用可再生能源等方式，可以显著减少其环境足迹。随着生产技术的改进，聚乳酸纤维的碳足迹有望进一步降低。

1.3.4　聚乳酸纤维的发展

1.3.4.1　发展前景

全球范围内，各国政府对环保政策的制定和执行力度不断加大。例如，欧盟的"欧洲绿色协议"、中国的"限塑令"及美国多州的塑料禁令等，均明确指向减少传统塑料使用，鼓励生物基和可降解材料的开发与应用。这些政策不仅限制了塑料制品的使用范围，还提供了财政补贴、税收优惠等激励措施以促进聚乳酸等生物降解材料的商业化进程。未来随着政策的进一步落地和细化，聚乳酸产业将迎来前所未有的发展机遇。

2024 年，全球乳酸市场规模达到 33 亿美元，预计到 2029 年将达到 69 亿美元，2024～2029 年期间年复合增长率（CAGR）为 13.7%。中国乳酸市场规模持续扩大，2023 年已达 186.21 亿元人民币，预计到 2029 年市场规模将进一步攀升，年复合增长率有望保持在 12.08%。中国乳酸市场呈现东高西低的区域分布态势，东部沿海地区需求量大，中西部地区市场规模逐年扩大。乳酸及其衍生物广泛应用于食品、医药、化工、化妆品等多个领域，其中在食品领域的应用占比最大，主要用于防腐保鲜、酸味剂等。此外，乳酸及其衍生物在医药领域的需求也在稳步增长。聚乳酸作为一种环保型的可降解材料，近年来在全球范围内受到了广泛的关注。

2024 年，国内聚乳酸市场展现出了蓬勃的发展活力，市场需求量一举达到 40 万吨，这一数字较以往年份实现了大幅跨越，彰显出强劲的增长势头。在包装领域，聚乳酸凭借其环保可降解的特性，广泛应用于食品包装、快递包装等细分场景。随着消费者对环保产品的青睐度不断攀升，以及电商行业的持续繁荣，包装行业对聚乳酸的需求呈现出爆发式增长。在纺织领域，聚乳酸纤维以其良好的吸湿性、透气性和天然抑菌性，成为制作运动服饰、内衣等产品的热门选择。众多知名运动品牌纷纷推出含有聚乳酸纤维的产品系列，受到消费者的热烈追捧，进一步推动了聚乳酸在纺织行业的应用规模扩大。农业领域，聚乳酸地膜的使用有效地解决了传统地膜带来的"白色污染"问题。其在土壤中可自然降解的特性，既保障了农作物的生长环境，又符合可持续农业发展的要求，因此在农业生产中的应用面积逐年增加。

2024 年，中国聚乳酸纤维产能约为 13.6 万吨，产量 1 万吨。我国是纤维生产大国，合成纤维产量占世界产量的 70% 以上。我国在纤维装备制造、新工艺技术开发方面有雄厚的基础，这为聚乳酸纤维的产业化打下了良好的基础，相信不久的将来，我国也将成为聚乳酸纤维的生产大国。近年来随着聚乳酸生产瓶颈的不断突破，聚乳酸纤维的产能迅速增加。然而，尽管已经拥有较大的产能，但产量仍然很低，产能与产量间的巨大差异，反映了我国聚乳酸纤维行业亟待解决的深层次问题。

聚乳酸因其以可再生资源为原料及制品可生物降解与我国碳排放和碳中和的目标高度切合，理应得到快速发展，但作为大众商品除了国家的政策导向，是否能够在市场上站得住脚，更是对技术的成熟度和市场需求及产品性价比的考验。市场需求永远是发展产业的根本动力。就聚乳酸和聚乳酸纤维的生产技术而言，目前其性能和价格尚未到达理想的阶段，因此，要在产能快速增加的基础上，不断提高其性价比，真正做到有序而稳步地发展。

1.3.4.2 聚乳酸纤维发展中的问题

（1）原料问题

目前我国聚乳酸的生产主要以玉米为初始原料。玉米是我国重要的粮食品种，也是我国畜牧业中的重要饲料。近年来我国每年进口玉米 2000 万吨左右，每吨聚乳酸的生产需要 2.25 吨玉米。由此可见，当聚乳酸的产量不大时，利用玉米作为原料不成问题，但当聚乳酸发展到千万等级产量的时候，就会与粮食用玉米产生矛盾。因此从长远看，聚乳酸的生产必须寻找非粮资源作为原料。以秸秆为原料生产乳酸已经有较多的研究，秸秆通过预处理打破其致密结构，在纤维素酶的作用下将纤维素和半纤维素转化为可溶性单糖。然后利用单糖发酵制备乳酸。此外，甚至厨房垃圾及固体废料等都可以作为原料。因此，聚乳酸的生产和研究必须从国情出发，要从研究原料的源头开始，寻找更符合中国国情的起始原料，从源头上解决可持续发展的问题。

目前，安徽丰原生物纤维股份有限公司已建成 4 万吨/年秸秆制糖联产黄腐酸生产线，对应的 5000 吨/年秸秆制乳酸和 3000 吨/年聚乳酸线已经开始量产。丰原秸秆制聚乳酸的综合成本已经低于粮食原料，该成果整体达到国际先进水平，其中木质纤维素复合酶生产技术、两步法综纤维素酶解糖化技术达到国际领先水平。

（2）性价比问题

合成纤维市场中聚酯、聚酰胺、纤维素纤维等品种不仅生产技术成熟，而且生产量巨大，由此带来的是价格上的激烈竞争，常规合成纤维产品已经进入微利时代，这给新品种的介入带来了巨大的阻碍。在激烈的市场竞争中，聚乳酸纤维必须依靠科技创新在降低成本、提升性能及开拓全新应用领域等方面做不懈的努力。

聚乳酸在高温下容易降解是其本身化学结构所致。因此，聚乳酸纤维的制备要尽可能地避免聚合物的高温历程，熔体直纺工艺路线对聚乳酸纤维制备具有重要意义，它可以大大缩短聚合物在高温下的时间。因此，工业化规模的聚乳酸直接纺丝技术是提高聚乳酸纤维质量的重要途径。该项技术在 2011 年就已经由常熟市长江化纤有限公司［现易生新材料（苏州）有限公司］攻克，成功建设了 500 吨/年的实验生产线。工业化规模的连续聚合装置与纺丝设备的无缝连接及精准调控都是需要研究和解决的重大工程技术问题，也是降低生产成本、提高产品质量的手段之一。

聚乳酸的一步法直接聚合工艺具有诸多优点，如工艺简单、产品纯度高、生产成本低等，但不能制备高聚合度的聚乳酸，限制了它的应用领域。突破技术瓶颈，寻找高效的催化体系和研制适用于一步法聚乳酸生产的特殊设备将是聚乳酸制造的一个重要方向。此外，两步法—丙交酯开环聚合的工艺和设备也有大量的改进余地，尤其是高效催化体系的研究。

改善聚乳酸纤维的耐热性是聚乳酸纤维研究的一个重要课题。从成型加工的角度来看，通过提高纺丝速度或加入成核剂，加大取向及结晶程度，是提高纤维耐热性的改进方向；此外，通过共混改性也可有效提高聚乳酸纤维的耐热性能。

聚乳酸在纤维领域的应用尚未获得实质性的突破，其应用场景仍局限于现有已开发的范围。由于用价格更高的聚乳酸纤维替代传统纤维难度较大，因此，必须开发能够凸显聚乳酸纤维特点的产品。聚乳酸纤维最重要的特点是生物可降解性，因此它最适合于制作卫生材料。随着我国老龄化时代的到来，一次性卫生用品将是一个巨大的市场，聚乳酸短纤及非织造织物可以充分发挥其特有的性能。纤维素纤维也是生物可降解材料，且具有很高的吸湿性；而聚乳酸纤维属于疏水性材料，二者的复合既可以解决吸湿的问题，又可以通过聚乳酸的导湿解决舒适性的问题。因此，聚乳酸纤维与纤维素纤维配合使用具有广阔的应用前景。

（3）发展规划不足

聚乳酸纤维的发展前景毋庸置疑，但目前的发展仍然缺乏规划。由于没有凸显聚乳酸纤维特性的大众化、需求量巨大的产品，市场的开发和培育仍需时间。因此，产能的迅速增加会带来灾难性的后果。从玉米或秸秆到聚乳酸纤维是一个漫长而复杂的产业链，涉及多个行业。制备过程规模化生产是必经之路，只有达到一定的规模，才具有经济价值；而将乳酸制备—聚乳酸—聚乳酸纤维有效地组织起来，形成产业链是提质量，降成本的关键路径。从技术的角度看，乳酸的制备尤为关键，要积极寻找玉米的替代品。例如，开发以秸秆为原料的聚乳酸纤维，生产基地就必须建在有丰富秸秆原料的地方，因为秸秆的收集、运输、储存只能限定在一定的范围内，否则生产成本就会增加。然而仅靠一个企业完成全产业链的布局难度大，这就要求相关部门在国家政策的扶植下，有效组织起聚乳酸纤维开发基地的产业集群，上下游同步发展，促进我国聚乳酸纤维的健康发展。

第 2 章　聚乳酸的合成技术

碳原子为四价键特性，以正四面体的立体构型与其他原子相连接；当碳原子与四个不相同的原子或原子团相连接时，便会产生光学异构体。乳酸分子中含有一个手性碳原子，存在两种光学异构（D-乳酸与 L-乳酸）。基于单体的手性特征，聚乳酸可分为四类：右旋聚乳酸（PDLA，由 D-乳酸聚合）、左旋聚乳酸（PLLA，由 L-乳酸聚合）、外消旋聚乳酸（PDLLA，由 D/L-乳酸无规共聚）和内消旋聚乳酸（少见，由 meso-乳酸制得）。用于制备纤维的聚乳酸通常为左旋聚乳酸，图 2-1 为光学异构聚乳酸的制备。光学异构聚乳酸的物理性能见表 2-1。

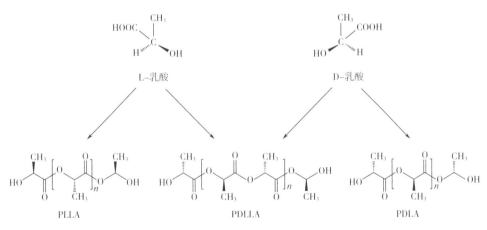

图 2-1　光学异构聚乳酸的制备

表 2-1　光学异构聚乳酸的物理性能

性能	PDLA	PLLA	PDLLA
结晶性	结晶	结晶	非结晶
熔点/℃	180	170~180	—
玻璃化温度/℃	—	55~65	50~60
热分解温度/℃	200 左右	200 左右	185~200
拉伸率/%	20~30	20~30	—

续表

性能	PDLA	PLLA	PDLLA
拉伸强度/MPa	40~50	50~60	—
水解性*/月	2~3	4~6	4~6

* 在 37℃ 生理盐水中强度减半所用的时间。

聚乳酸有多种合成工艺，根据合成的原料分为一步法和两步法，如图 2-2 所示。一步法是直接以乳酸作为起始原料，经缩聚获得聚乳酸；两步法则先将乳酸制成丙交酯，而后以丙交酯为原料经开环聚合制备聚乳酸。一步法又可以进一步细分为直接本体缩聚法、共沸脱水缩合聚合法、螺杆聚合法及扩链法等。两步法，即丙交酯的开环聚合法，该方法是生产聚乳酸的主流工艺路线。

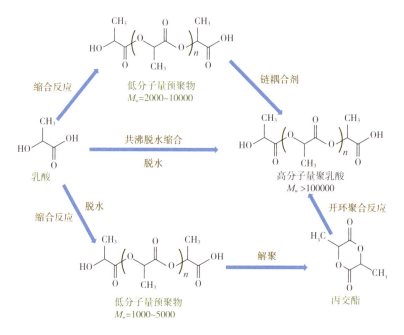

图 2-2　聚乳酸的合成方法

2.1　丙交酯开环聚合法

由于乳酸的直接缩聚法不能制备高分子量的聚乳酸，促使人们不得不另辟蹊径。1932 年，相关人员就开始研究丙交酯的开环聚合工艺：通过中间产物丙交酯，经精制提纯后，再通过丙交酯的开环聚合获得高分子量的聚合物。在这一技术产业化过程中，丙交酯的提纯技术曾经是一大障碍。直到 1954 年杜邦公司发明了丙交酯的提纯技术，丙交酯开环聚合法才真正步入了工业化环节。

实验室制备丙交酯的方法是：先将纯度为 85%~90% 的乳酸在 150℃ 下脱水 6h，生成聚乳酸低聚物，除去约 90% 的自由水和生成水；然后加入催化剂使聚乳酸低聚物分解生成丙交酯，在 220℃ 以上利用真空将其抽出。由于丙交酯蒸出过程中温度较高，反应后期存在氧化和变色，且丙交酯的收率低。因此，这一工艺尚未实现规模化生产。

国内外流行的丙交酯制备工艺有常压气流法和减压气流法。常压气流法具有技术难度低、反应易控制的优势。它利用二氧化碳或氮气等惰性的气体流，来降低丙交酯在蒸气中的分压，使解聚反应向有利于生成丙交酯的方向进行，并将丙交酯从反应区带走。减压气流法，即在减压的同时，向反应容器通入流动的气化溶剂，如甲苯和氮气等，由蒸汽生成的丙交酯被蒸气带走，减少其在高温反应容器里的停滞时间，以减少被氧化的可能。

L-丙交酯的开环聚合是制备高分子量聚乳酸的最佳方法，因为它可以对化学结构进行精确的控制。开环聚合的这一特征使其适合于大规模生产。丙交酯的开环聚合可以采用多种方法，如熔融聚合法、溶液聚合法及悬浮聚合法等。最为普遍采用的是熔融聚合法，这一方法具有简单、重复性好的特点。

制备高分子量的聚乳酸，除了必须使用高纯度的丙交酯外，还需要选用合适的催化体系。目前应用最广泛的是即配位催化体系。这类催化剂种类多，效率高，是高分子量聚乳酸及其共聚物制备的主要催化体系。其反应方程式如图 2-3 所示。

开环聚合制得的聚乳酸通常需要经过后处理，其目的是使催化剂失活，以增加聚合物的热稳定性。常用的失活剂包括含磷化合物、抗氧化剂、丙烯酸类衍生物及有机过氧化物。后处理另外一个目的是去除尚未反应的单体及低相对分子质量的组分，这些成分的存在会对后续的加工产生影响。聚乳酸的后处理在熔融状态进行，也可以在切片状态下进行。

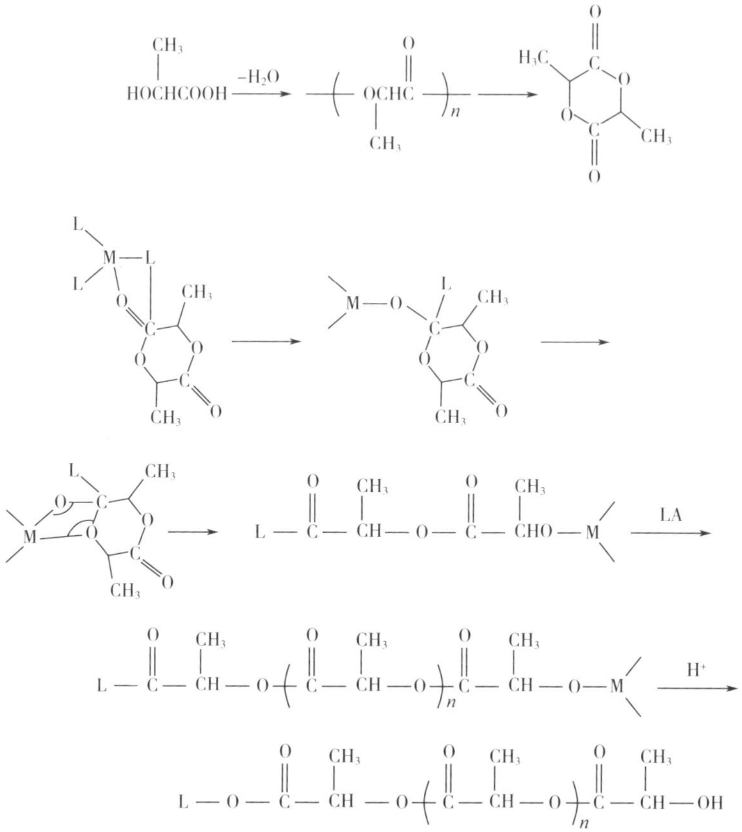

图 2-3　聚乳酸开环聚合反应方程式

2.2　其他合成方法

2.2.1　直接缩聚法

　　乳酸分子一端是羟基，另一端是羧基，羟基和羧基反应可以形成酯。因此，乳酸可通过分子间的直接脱水缩合成聚乳酸，聚乳酸直接缩聚时存在图 2-4 的平衡反应。

$$nHO—CH(CH_3)—COOH \longrightarrow [O—CH(CH_3)—CO]_n + nH_2O$$

图 2-4　直接缩聚法反应机理

乳酸的直接缩聚是一个可逆平衡反应，其正反应是形成酯，而逆反应是酯的水解。为了获得足够高的聚合度，体系必须不断去除生成的水。随着反应的进行，体系的黏度不断增加，脱水会越来越困难，此时，必须不断提高真空度和聚合温度。

聚乳酸合成过程中，乳酸除了可以进入聚合物的主链，还可以形成环状的二聚体，即丙交酯。聚乳酸与丙交酯之间也存在平衡反应。合理控制上述两个平衡过程，使反应向缩聚的方向深入进行，将有利于聚乳酸分子量的提高。在有效脱水和抑制解聚反应这两个关键技术上必须采取有效的措施才能使反应得以顺利进行，从而获得较高分子量的聚合物。

直接缩聚法通常只能获得分子量较低的聚合物，最高也只能达几万。直接缩聚法的这一缺点限制了它的规模化应用。通常只有在对其力学性能要求较低的情况下才使用直接缩聚法。直接缩聚既可以在不加任何溶剂的条件下进行（本体聚合），也可以在某种溶剂中完成缩聚（溶液缩聚法）。溶液缩聚法容易获得较高的分子量。

2.2.2　共沸脱水缩合聚合

与熔融聚合方法不同的是，共沸脱水缩合聚合法采用了可以与水形成共沸物的溶剂，因此溶剂的选择是关键因素。研究表明，随着溶剂沸点的提高，聚合速率越大，因此溶液聚合法中大多采用沸点较高的溶剂，如二甲苯、二苯醚、苯甲醚等。同时，溶剂与单体的比例也是影响聚合的重要因素之一：当溶剂量不足时，共沸回流不充分，水分不能被有效地带出；但当溶剂量过多时，反应体系内乳酸的浓度太低，反应速率下降，短时间内无法得到高分子量聚合物。该方法虽然能得到较高分子量聚乳酸，但聚合过程中大量使用有机溶剂，且聚合完成后需对溶剂进行回收，增加了生产成本。

2.2.3　螺杆反应挤出法

螺杆反应挤出法合成聚乳酸，是以乳酸的低聚物或丙交酯为原料，以双螺杆挤出机为反应器，通过挤出机螺块的组合和工艺参数的控制，为合成反应提供适当的反应温度和脱挥的条件。在引发剂和催化剂作用下，聚合单体在通过挤出机过程中完成聚合反应。双螺杆反应器通常具有非常强大的捏合能力，它能够使高黏度的物料进行无死角的充分混合，使催化剂在体系中分散得更均匀。螺杆聚合法提高了催化效率，使反应速度大幅提高，传统方法需要 4~8h，而该方法只需30min，具有工艺简单、反应速度快、效率高、能耗低、设备投资少等优点，该工艺可精准控制温度且能连续运行，有望实现规模化的连续化生产。聚合反应完成后，需要对产物进行纯化和处理，以去除未反应的单体和催化剂等杂质，得到高纯度的聚乳酸产品。反应挤出合成聚乳酸作为一种新的方法，目前尚无大规模工业化应用的报道，但国外已有采用这项技术获得高分子量聚乳酸的实例。Miyoshi R. 等用间歇式搅拌反应器和双螺杆挤出机组合，进行了连续的熔融聚合实验，结果成功地获得了由乳酸通过连续熔融缩聚制得的分子量达 150000g/mol 的聚乳酸。

2.2.4　扩链法

在高分子合成中，扩链反应是提高分子量的方法之一，它通常是通过加入扩链剂等手段来实现。扩链剂可以在短期内将两个聚合物直接连接起来，使其分子量得到成倍增加。缩聚反应的后期由于小分子（如水）脱除困难，高温下，已经生成的聚合物会产生降解的逆反应，这也是直接聚合法无法获得所需要的分子量的原因之一。扩链反应对于聚乳酸一类生物可降解聚合物尤为重要。扩链剂通常都是具有极强反应性的双官能团化合物，在聚乳酸的扩链法制备中，一般都使用二异氰酸酯、二噁唑啉等扩链剂。方法是先将乳酸或丙交酯制成一定聚合度的预聚体，而后加入扩链剂进行扩链以提高其分子量。扩链法通常很难控制聚合物的序列结构，产品的均匀性差，因此，在规模化生产中应用不多。

第3章　聚乳酸纤维的制备

市场上供应的聚乳酸纤维包括长丝和短纤维，其中，长丝可分为预取向丝（POY）、全拉伸丝（FDY）、拉伸变形丝（DTY）。其生产主要采用熔融纺丝法，这种方法工艺简单、设备通用性强，现有聚酯纤维生产设备经参数调整即可用于聚乳酸纤维生产。

3.1　聚乳酸长丝的制备

3.1.1　切片干燥工艺

聚乳酸的分子结构中酯键的水解是聚合物降解的主要方式，水解反应还可通过降解所产生的酸性基团而进一步催化酯键的水解，酯键水解速度开始较慢，而后逐渐加快。水解反应不仅发生在聚乳酸的表面，还会深入整个聚合体内部。对于半结晶的聚乳酸来说，水解分为两个阶段。第一阶段，水分子迅速扩散进入无定形区，发生水解；第二阶段则是晶区的水解，晶区紧密的结构使水解反应相对缓慢。因此，切片含水率、加热时间、纺丝温度和干燥温度是影响聚乳酸降解的主要因素。切片含水率越高，降解程度越大，降解速度越快；加热时间越长，降解程度越大；加工温度越高，降解速度越快，降解程度越大。

正是由于聚乳酸对温度和水分的敏感性，聚乳酸切片的干燥和纺丝工艺比常规的 PET 和 PBT 的干燥和纺丝工艺有更高的要求。为了顺利进行熔融纺丝，必须将切片的含水率降到 50mg/kg 以下，高速纺制聚乳酸长丝时，一般要求切片含水率低于 30mg/kg。

工业化生产中的干燥设备有两种形式：一种是干热空气强对流的连续干燥，另一种是转鼓式真空加热的间歇干燥。对常规涤纶干燥设备来说，连续充填式的干热空气干燥方式具有干燥质量稳定、干燥效率高、自动化程度高等一系列优点。但在通常的连续干燥设备中，干燥温度一般不低于 160℃。由于聚乳酸在此温度下显现了明显的黏结和降解迹象，因此，不能直接利用现成的连续干燥设备进行干燥，如果要使用连续干燥设备，就必须对现有的设备进行改造，通过降低干燥温度和延长干燥时间来满足聚乳酸干燥的要求。也可以选用转鼓式真空加热的间歇干燥设备。切片温度在真空转鼓干燥加热时是逐步上升的，在切片温度小于80℃时，大部分的非结合水已经去除，进而大幅降低水解的趋势。同时，由于水解的过程也是一个双向的平衡反应，在真空状态下还会有继续聚合的趋势，有利于分子质量的提高，所以真空转鼓干燥是适合聚乳酸切片工业化生产的干燥方式。从实践情况看，只要控制好升温速度，当12h的干燥周期结束时，干切片的含水率可以小于100mg/kg，且切片降解不明显，转鼓干燥过程中还可以添加适当的助剂生产差异化纤维，工艺较灵活。所以，现有的转鼓干燥方式是完全能够满足聚乳酸工业化生产的需要，当然，转鼓干燥是一个间歇的过程，容易产生批与批之间的差异而影响纺丝的质量。实际生产中应用的干燥工艺参数见表3-1。

表 3-1　干燥工艺参数

纺丝级聚乳酸牌号	干燥温度/℃	干燥方式	时间/h	水分含量/（mg/kg）
海正 REVODE110	80~100	真空转鼓干燥	12	≤50
海正 REVODE190	80~100	真空转鼓干燥	12	≤50
丰原 FY601/FY602	80~100	真空转鼓干燥	12	≤50

注　在目前公开的聚乳酸纤维相关国家标准中，尚未发现对纺丝含水率国家标准的强制性规定。实际生产中，企业需根据技术规范（如真空干燥至50mg/kg以下）自行控制含水率，以确保纺丝工艺稳定性和纤维质量。

3.1.2　POY 高速纺工艺

聚乳酸纺丝工艺流程如图3-1所示。

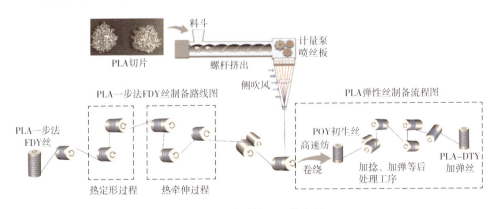

图 3-1　聚乳酸纺丝工艺流程

纺丝速度：聚乳酸 POY 采用高速纺丝工艺，纺丝速度一般≤3000m/min。与常规涤纶纺丝速度相当（涤纶 POY 纺丝速度 2600～3000m/min）。

纺丝温度：提高纺丝温度可提高熔体的流动性，增加可纺性。经试验，当温度低于 225℃时，熔体的流动性很差，不具备可纺性，当升高温度至 240℃以上时，聚乳酸降解严重，纺丝无法成型。综合考虑，设置纺丝温度为 225～240℃。

冷却条件：侧吹风温度控制在 18～20℃，风速 0.5～0.6m/s，以避免纤维飘丝或毛丝，同时确保均匀冷却。

拉伸与取向：POY 的分子链取向度较低，须通过后续拉伸提高性能。聚乳酸 POY 的后加工拉伸倍数一般为 1.4～2.0 倍（具体与其线密度有关）。

集束上油位置：距喷丝板约 750mm，以降低纺程张力。

卷绕超喂：控制在 11%～14%，确保丝饼成型质量。

喷丝板：根据熔体挤出喷丝孔的剪切速率和喷头拉伸比选择喷丝板。控制剪切速率为 $1×10^{-4}～2×10^{-4}/s$，喷头拉伸比为 100～200，喷丝孔径长径比在 2.5～3.0 较好。经试验，选用的喷丝板规格为 0.25mm×0.75mm（72f）。

冷却条件：降低风速可减缓冷却速度，使塑性区延长、凝固点下移，减小喷丝头拉伸张力，但过低的风速会使纤维条干不匀率增大。经试验设定风速为 0.40m/s。聚乳酸长丝生产工艺参数见表 3-2。

表 3-2　聚乳酸长丝生产工艺参数

工艺参数	数值设定	工艺参数	数值设定
切片干燥温度/℃	95	侧吹风温度/℃	25
切片干燥时间/h	16	侧吹风风速/(m/s)	0.4
螺杆温度（1#～5#）/℃	170～235	上油速率/(r/min)	33
纺丝温度/℃	225/230/235/240	卷绕速度/(m/min)	2000/2500/3000
喷丝组件压强/MPa	15～16	导丝盘速度/(m/min)	2000～3000

3.1.3　DTY 加弹工艺

加工速度：DTY 的变形加工速度较低，通常为 120～160m/min（低于涤纶 DTY 的 400～800m/min），以适应聚乳酸的热敏感性。

热箱温度：涤纶 DTY 热定形温度通常为 180～250℃，但聚乳酸的玻璃化转变温度（约 60℃）和熔点较低，需调整至更低范围以避免热降解。具体温度需根据聚乳酸特性优化，可能接近其玻璃化转变温度。

假捻器温度：需与热箱温度匹配，确保分子链充分松弛和定形。

拉伸倍数：POY 到 DTY 的拉伸倍数需结合聚乳酸的结晶度调整，通常在 1.5~2.0 倍（涤纶 DTY 可达 1.8~2.5 倍）。

假捻张力：需严格控制以平衡卷曲度和强度，避免毛丝或断头。

质量影响因素：①切片的分子量分布、热稳定性（如起始分解温度≥288℃）和流变性直接影响可纺性。优选热稳定性高、熔体流动性好的改性聚乳酸切片。②喷丝板状态、组件质量、导丝器磨损等需定期检查，确保纺丝稳定性。油剂均匀性对 POY 退绕性能和 DTY 加工至关重要，需精确控制上油量。

3.1.4 FDY 纺丝工艺

干燥工艺：采用两阶段干燥法。第一阶段预结晶（60~65℃，3~4h），第二阶段深度干燥（100℃，15h），确保切片含水率低于 0.005% 以抑制水解和热降解。分子量要求：需选用高分子量及分子量布窄的聚乳酸，以提高纤维强度。

纺丝温度：通常为 195~245℃，具体取决于材料配方及工艺目标。例如：纯聚乳酸纺丝温度可低至 195℃；含阻燃剂或母粒的复合材料需更高温度（如240℃）；高光学纯度（低 D-异构体）聚乳酸可适当降低温度以减少降解；推荐在氮气气氛下纺丝，降低熔体氧化和水解风险。

纺丝与卷绕速度：纺丝速度从 1000m/min（两步法）至 5000m/min（高速一步法）不等。FDY 需结合高卷绕速度（如 3200m/min 以上）和拉伸工艺以提高取向度。

拉伸倍数：通常为 3~4.15 倍，具体根据纤维用途调整。例如：普通聚乳酸长丝拉伸倍数约为 3 倍；复合超细纤维需更高倍数（如 4.15 倍）应以具体情况为准。

拉伸温度：分阶段控制，如 72℃/80℃/82℃（三段拉伸）或 70~160℃（单区/双区拉伸），以平衡取向度与热稳定性；热定形：温度约 105~170℃，用于稳定纤维结构并改善抱合性。

冷却条件：侧吹风冷却（风温 25℃、湿度 75%、风速 0.52m/s），确保纤维均匀固化并减少断头。

喷丝板设计：孔径 0.1~0.4mm，需避免纳米粒子堵塞（如添加母粒时）。

纤维形态：通过调整工艺可制得 FDY 全拉伸丝、异形纤维或复合纤维（如 PE/PP 皮芯结构）。

矛盾与变量说明：①温度差异：不同文献中纺丝温度范围较宽（195~

280℃），主要因材料配方（如阻燃剂、母粒）、分子量及设备差异导致。②牵伸倍数与速度：高速一步法虽效率高，但两步法通过分步拉伸可优化力学性能，需根据生产目标权衡。综上，聚乳酸 FDY 纤维的工艺参数需根据具体生产条件（如原料特性、设备类型、产品需求）动态优化，兼顾效率与纤维性能。

3.1.5　长丝产品用切片

聚乳酸长丝产品用切片牌号及性能见表 3-3。

表 3-3　聚乳酸长丝产品用切片牌号及性能

公司牌号	机械性能		基本性能			
	拉伸强度/MPa	断裂伸长率/%	密度/（g/cm³）	熔融指数/（g/10min）	熔点/℃	玻璃化转变温度/℃
NatureWorks PLA 6400D	53	3.5	1.24	6（210℃）	160~170	55~60
NatureWorks PLA 6100	53	3.5	1.24	15~30（210℃）	160~170	55~60
海正 REVODE190	≥50	≤3	1.25	2~10（190℃）	170~180	56~60
丰原 FY601	50	≤5	1.24	9（190℃）	175	60
丰原 FY602	50	≤5	1.24	9（190℃）	165	60
惠通 HT201F	≥50	≤5	1.25±0.03	1~4（190℃）	≥170	60~68
惠通 HT201X	≥50	≤5	1.25±0.03	0~3（190℃）	≥170	60~68
普立思 PT101	>50	≤5	1.24	3~8（190℃）	175	60
普立思 PT102	>50	≤5	1.24	3~8（190℃）	165	60
道达尔 L130	50	<5	1.24	23（210℃）10（190℃）	175	60

3.1.6　长丝规格

聚乳酸 POY-DTY 长丝：30D/36f[❶]、30D/24f、50D/72f、75D/96f、75D/144f、100D/144f、150D/288f、75D/36f、75D/48f、75D/72f、100D/72f、100D/96f、150D/72f、150D/96f、150D/144f 等。

（来源：山东龙福环能科技、安徽丰原生物纤维股份有限公司）

---

❶ D 表示旦尼尔，1tex=9D；f 表示长丝中包含的单丝根数。

FDY 长丝：75D/36f、75D/48f、75D/72f、100D/36f、100D/48f、100D/72f、100D/96f、150D/48f、150D/72f、150D/96f、150D/144f、200D/96f、200D/144f 等。

（来源：山东龙福环能科技、安徽丰原生物纤维股份有限公司）

3.2 聚乳酸短纤维的制备

3.2.1 聚乳酸干燥工艺

生产聚乳酸短纤维时切片的干燥工艺参数见表 3-4。

表 3-4 聚乳酸切片干燥工艺参数

工艺参数	数值设定		
干燥温度 /℃	105	103~105	110~115
干燥时间/h	1~3	6~8	1~3
干燥方式	真空转	连续	结晶床
含水率/（mg/kg）	≤40（超细旦纤维≤20）		

为了达到良好的纺丝效果，目前企业常采用组合式的干燥方案：真空转鼓干燥 105℃下处理 1~3h+连续干燥塔干燥 103℃下处理 6~8h，或者结晶床 110~115℃下处理 1~3h+连续干燥塔干燥 105℃下处理 6~8h。

根据所要生产的纤维规格控制切片含水率，一般干燥后切片含水率应控制在≤40mg/kg，若生产超细旦纤维（≤1.11dtex），对含水率的要求更低，干燥后切片含水率应控制在≤20mg/kg。

图 3-2 和图 3-3 分别为聚乳酸短纤维纺丝前纺工艺流程和聚乳酸短纤维纺丝后纺工艺流程。

3.2.2 纺丝工艺

固体切片从料筒进入螺杆后，首先在进料段被输送和预热，接着经压缩段压实、排气并逐渐熔化，然后在计量段内进一步混合塑化，达到一定温度后以一定压力定量输送至计量泵进行纺丝。

熔体自螺杆挤出后，经熔体管路分配至纺丝位的计量泵和喷丝头组件。为进

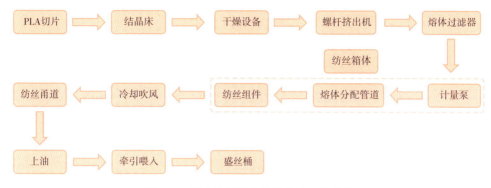

图 3-2　聚乳酸短纤维纺丝前纺工艺流程

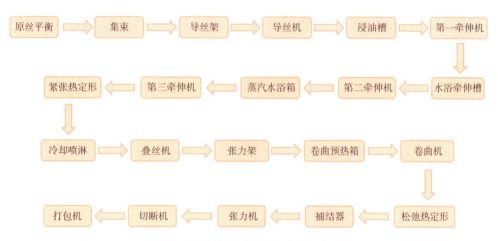

图 3-3　聚乳酸短纤维纺丝后纺工艺流程

行熔体保温和温度控制，采用一个矩形加热箱进行集中保温，称之为纺丝箱体。箱体内装有各部位的熔体分配管，计量泵与喷丝头组件安置有保温座以及电热棒等。通过加热联苯—联苯醚混合热载体保温，箱外包覆绝热材料。

喷丝头组件是喷丝板、熔体分配板、熔体过滤材料及组装套的结合件，是熔体纺丝成型前最后通过的一组构件，除确保熔体过滤、分配和纺丝成型的要求外，还应满足高度密封、拆装方便和固定可靠的要求。

计量泵与喷丝板是化纤生产中使用的两个高精度标准件。成纤高聚物熔体经计量泵以准确的计量送至喷丝头组件，再从喷丝板上的喷丝孔挤出完成纤维成型。

短纤维丝条冷却采用环形吹风，从丝束周围吹向丝条，均匀冷却，可克服凝固的丝条偏离垂直位置产生的弯曲，甚至互相碰撞黏结、并丝等缺点。聚乳酸短纤维纺丝前纺工艺参数见表 3-5。

表 3-5 聚乳酸短纤维纺丝前纺工艺参数

螺杆 温度/℃	纺丝 温度/℃	纺丝速度/ （m/min）	喷丝板 规格/mm	冷却风 温度/℃	冷却风 湿度/%	冷却风 风压/Pa
222~235	212~225	800~1500	φ220、φ260、φ358	20~25	≥70	200~400

刚成型的初生纤维其预取向度不稳定，需经存放令其平衡，以减小或消除其内应力，使预取向度降低至平衡值；还需使卷绕时的油剂扩散均匀，以改善纤维的拉伸性能。因此，初生纤维不能直接集束拉伸，必须在恒温、恒湿条件下存放一定时间。存放平衡后的丝条进行集束，把若干个盛丝桶的丝条合并，集中成工艺规定线密度的大股丝束，以便进行拉伸后处理。拉伸工艺采用集束拉伸，为保证丝束加热均匀，短纤维的拉伸采用湿热拉伸工艺，因此在各道拉伸机之间设有油浴和水浴加热等形式，同时应考虑对聚乳酸纤维性能的影响。

聚乳酸纤维的截面近似圆形，表面光滑，因此纤维间抱合力较小，不易与其他纤维抱合在一起，对纺织加工不利。故必须进行卷曲加工，使其具有与天然纤维相似的卷曲性。目前大规模生产的聚乳酸短纤维，采用机械卷曲法。丝束经导辊被上下卷曲轮夹住送入卷曲箱中，上卷曲轮采用压缩空气加压，并通过重锤来调节丝束在卷曲箱中所受的压力，使丝束在卷曲箱中受挤压而卷曲。

热定形的目的是消除纤维在拉伸过程中产生的内应力，使大分子发生一定程度的松弛，提高纤维的结晶度，改善纤维的弹性、降低纤维的热收缩率，使其尺寸稳定。聚乳酸短纤维纺丝后纺工艺参数见表 3-6。

表 3-6 聚乳酸短纤维纺丝后纺工艺参数

工艺参数	数值设定	工艺参数	数值设定
水浴牵伸槽温度/℃	65~70	紧张热定形时间/s	>10
蒸汽水浴箱温度/℃	100	卷曲机主压/MPa	0.15~0.25
牵伸倍率	2.5~4.0	卷曲机背压/MPa	0.01~0.03
油剂浓度	3.0~5.0	松弛热定形温度/℃	60~80
紧张热定形温度/℃	100~140	线速度/（m/min）	1.2~1.5

3.2.3 短纤维产品用切片

聚乳酸短纤维产品用切片牌号见表 3-7。

表 3-7 聚乳酸短纤维产品用切片牌号

公司牌号	机械性能		基本性能			
	拉伸强度/MPa	断裂伸长率/%	密度/ (g/cm^3)	熔融指数/ (g/10min)	熔点/℃	玻璃化转变温度/℃
NatureWorks PLA 6202D	53	3.5	1.24	15~30 (210℃)	155~170	55~60
海正 REVODE190	≥50	≤3	1.2~1.3	2~10 (190℃)	≥170	60
丰原 FY601	50	≤5	1.24	9 (190℃)	175	60
丰原 FY602	50	≤5	1.24	9 (190℃)	165	60
惠通 HT201F	≥50	≤5	1.25±0.03	1~4 (190℃)	≥170	60~68
普立思 PT201	>50	≤5	1.24	8~12 (190℃)	175	60
普立思 PT202	>50	≤5	1.24	8~12 (190℃)	165	60
道达尔 LX530	60	<5	1.24	23 (210℃) 10 (190℃)	165	60
道达尔 L130	50	<5	1.24	23 (210℃) 10 (190℃)	175	60

3.2.4 短纤规格

常规纤维：线密度为 0.89~22.22dtex，长度为 38mm、51mm、64mm、88mm 的实心、中空及原液着色纤维。

差异化纤维：线密度为 1.11~2.22dtex，长度为 3mm、6mm、9mm、12mm 的超短纤维；线密度为 1.33~1.67dtex，长度为 38mm、51mm、64mm、88mm 的"十字"截面纤维。

（来源：安徽丰原生物纤维股份有限公司）

双组分复合纤维：线密度为 1.11~16.77dtex，长度为 3~64mm。

［来源：易生新材料（苏州）有限公司］

3.3 差异化聚乳酸纤维的制备

为拓展聚乳酸纤维的应用领域，满足下游产品开发的需要，拟研究和制备的差异化纤维有如下几种。

（1）原液着色聚乳酸纤维

为解决聚乳酸纤维采用常规染色工艺存在上染率低、易损伤其物理性能问题，通过使用色母粒原液着色法和纳米颜料进行原液着色；原液着色聚乳酸纤维使用聚乳酸作为载体型色母粒，与本白色的聚乳酸熔体混合而成制备熔体再纺制成的有色纤维，有助于改善聚乳酸纤维染色浅、染色后性能差的问题。

例如，添加纳米级的超分散剂分散的聚乳酸色母粒，并通过共混纺丝制备原液着色聚乳酸纤维，着色纤维强伸性能损失不大于1%，且纤维耐热迁移性好，能够在加工和后处理中保持颜色稳定。

（2）阻燃聚乳酸短纤维

开发聚乳酸阻燃母粒，并与聚乳酸共混，开发极限氧指数（LOI）>28的阻燃聚乳酸短纤维产品，以满足高铁、汽车内饰，以及军队等下游特种行业的要求，扩大聚乳酸纤维的应用范围和领域。

（3）三维卷曲聚乳酸短纤维

通过并列式双组分聚乳酸纤维生产工艺，或不对称冷却纤维生产工艺开发三维卷曲聚乳酸短纤维产品，以满足枕头、被芯等填充领域对于弹性的要求。

（4）聚乳酸双组分短纤维

聚乳酸双组分短纤维为双组分皮芯结构复合纤维，材料为100%聚乳酸，其中，皮层组织为低熔点聚乳酸且柔软性好，芯层组织为高熔点聚乳酸且强度高。

聚乳酸双组分短纤维经过热处理后，皮层一部分熔融而起黏结作用，其余仍保留纤维状态，纤维之间互相连接，便形成了不用黏合剂的非织造布成型体，同时也具有热收缩率小的特征。

聚乳酸双组分短纤维具有广泛的加工适应性，现存的主要非织造布加工方法都可以使用，例如：热轧法（calender）、热风法（through-air）、针刺法（needle punch）、湿法（wet laid）、空气铺网法（air-laid）、水刺法（spunlace），该纤维特别适合用作热风穿透工艺生产卫生材料、保暖填充料、过滤材料等产品，也是所有可降解非织造布、无胶棉、天然复合板材黏合材料的最佳选择。

（5）相变/色变聚乳酸纤维

目前常用传统印花或涂层等后整理方式赋予纺织品变色功能，但其在手感、耐洗色牢度等方面存在一定的缺陷。使用光致变色纤维开发纺织品，不仅可实现图案的多样化，在耐水洗和耐摩擦色牢度方面也具有较大的优势。例如，以聚乳酸为纤维基体，聚羟基丁酸酯（PHB）为改性高分子材料，光致变色微胶囊（PCMs）为光敏指示剂，可通过熔融共混纺丝制备光致变色聚乳酸/PHIB共混变色纤维。

（6）凉感聚乳酸纤维

接触凉感织物作为舒适性织物的一种，在穿着时会将人体皮肤的热量快速传导出去，带来凉爽的感觉，在夏季服装面料中广受欢迎。为了制备出具有接触凉感性能的聚乳酸织物，可通过氧化铝、二氧化钛、氮化硼（BN）与贝壳粉（SP）等作为提高聚乳酸导热性能的功能粉体，采用熔融共混纺丝的方法制备凉感聚乳酸纤维，并织造凉感聚乳酸织物，赋予聚乳酸纤维以凉感特性。

（7）耐温型聚乳酸纤维（立构复合聚乳酸纤维）

立构复合聚乳酸是将聚乳酸的两种同分异构体聚 L-乳酸（PLLA）和聚 D-乳酸（PDLA）通过溶液或熔体加工后，形成具有螺旋互补的立构复合晶体的聚乳酸复合物，比单独的 PLLA 链和 PDLA 链的熔点约提高 50℃，力学性能、热稳定性、耐水解性大幅提高，具有更高的应用价值。

（8）高弹性聚乳酸纤维

高弹性聚乳酸纤维可通过 POY 加捻加弹（DTY）、双组分并列复合纺丝制备。DTY 是一种具有前景的产品，应用领域宽，可进行针织、机织、筒染色织，手感蓬松，配合现在的低温型弹性纤维，在内衣、床品、运动/休闲服装领域前景广泛。双组分并列复合弹性聚乳酸纤维：聚乳酸双组分复合纤维的生产需要两组不同分子量（黏度）的聚乳酸；一种具有较高黏度，另一种具有较低黏度，通过并列复合纺丝技术，可制备具有卷曲弹性的双组分并列复合聚乳酸弹性纤维。

第 4 章　聚乳酸纱线的制备

随着纺织行业对环保材料需求的增长，聚乳酸纱线因其独特的生物基和可降解特性，逐渐成为纺织领域研究和应用的热点。聚乳酸纤维的纺纱过程与传统纤维纱线类似，但由于聚乳酸纤维的特殊性能（如熔点低、静电大等），在纺纱过程中需要针对性地调整工艺参数和设备配置。同时，根据纤维原料品种和工艺要求，聚乳酸纱线可分为聚乳酸纤维短纤纱、复合纱、长丝纱、花式线及股线等，其各自的纺纱方法和工艺参数有所差异。

4.1　聚乳酸短纤纯纺纱

聚乳酸短纤纱是一种以聚乳酸短纤维为原料，通过短纤纺纱工艺（如环锭纺）制成的纱线。其目前有多种加工方式，可以在棉纺系统、毛纺系统和各种新型纺纱设备上进行制备。根据产品的原料组成可分为纯纺纱线以及与棉、毛、麻、莱赛尔、莫代尔等纤维的混纺纱线。聚乳酸短纤纱分类如图 4-1 所示。

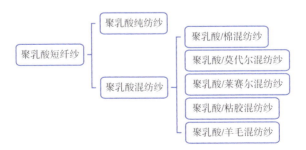

图 4-1　聚乳酸短纤纱分类

聚乳酸短纤纱的纺纱流程与传统短纤纱类似，需经过开松与清理、梳棉、并条、粗纱、细纱、络筒等过程，如图 4-2 所示。

图 4-2　聚乳酸纺纱流程

然而，聚乳酸纤维的纺纱加工性能受到多种因素的影响，包括纤维长度、细度、回潮率、摩擦因数以及质量比电阻等。尽管聚乳酸纤维具有手感柔软、回弹性优良、卷曲性能突出等特点，但其较高的质量比电阻导致其静电现象显著，对纺纱生产造成诸多不利影响。此外，聚乳酸纤维吸湿性较差，易产生静电，进一步增加了生产加工的难度。同时，聚乳酸纤维对温湿度变化较为敏感，需根据环境条件及时调整工艺参数。从纤维形态来看，聚乳酸纤维外观平直光滑，蓬松性较好，容易导致棉卷黏卷和成网困难等问题。为了提高聚乳酸纤维的可纺性，需从纺纱各工序入手，通过优化纤维的物理机械性能，并采取针对性的技术措施，确保纺纱加工的顺利进行。例如，可通过调整温湿度、添加抗静电剂、优化梳理工艺等手段，改善纤维的可纺性，从而提升聚乳酸纱线的质量和生产效率。

4.1.1 聚乳酸纯纺纱的工艺流程

聚乳酸纺纱的工艺流程如下：

（1）开松与清理

聚乳酸纤维表面光滑平直，整齐度好，蓬松性大，抱合力差，易黏附罗拉等机件。因此，生产前需先对聚乳酸纤维进行预处理，通过加入适量的抗静电油剂、防滑剂等来增加纤维的抗静电能力，改善纤维之间的抱合力，车间相对湿度适当控制，以便后道工序能够顺利进行。

整个工序严格秉持"多松、轻打"的工艺原则，清花工序要以开松、均匀混合为主，减少打击力度和打击次数，尽量少损伤纤维，并尽量少落多松，各部件打手速度降低7%左右。为防止棉卷黏连，可采用多种措施。比如，卷中两层之间夹3~5根粗纱，或者采用防黏罗拉或增大紧压罗拉的压力。另外，棉卷的存储量应保持在适中水平，并且遵循先做先用的原则，以确保预处理效果良好，提升纤维的可纺性能。待成卷工序完成后，必须及时使用塑料薄膜将棉卷妥善包好，以此来严防水分和油剂的挥发，由于聚乳酸纤维疵点和杂质极少，清花工序要采用短流程，使用梳针打手，增加开松点，减少打击点，加强开松梳理，减少纤维损伤和散失，通过强调"轻梳少伤、低速度、大隔距、薄喂入、多混合、少翻滚"的技术措施，能提高棉卷外观质量和内在质量。例如，纺纱厂生产聚乳酸纤维纱线时，起初按常规每千克纤维加0.5g抗静电油剂，出现静电、断头多等问题，产量低且质量差；抗静电油剂增至1.5g时，情况改善；但抗静电油剂加至3g，纤维过滑，抱合力下降，影响纱线质量与后续工序；经反复试验，确定抗静电油剂1.2~1.3g为最佳用量，可实现高产优产。这一例子充分说明聚乳酸纤维预处理过程中抗静电剂的量对其性能的影响。

①设备型号的选择（以下列设备为例）。A002 型抓棉机→A006B 型混棉机→A036A 型开棉机→A092A 型双棉箱给棉机→A076F 型成卷机。

②主要工艺参数。棉卷定量 400g/m，定长 33.36m，豪猪打手转速 480r/min，棉卷罗拉转速 11r/min，温度 20℃，湿度 60%。

③设备主要技术特征。A002 型圆盘式自动抓棉机适用于抓取各种等级的棉花、棉型化纤和 76mm 以下的中长化纤，同时适用于聚乳酸短纤维。A002C 型可两台并联使用。

A002C 型抓棉机主要规格数据见表 4-1。

表 4-1　A002C 型抓棉机主要规格数据

关键参数	数值设定	关键参数	数值设定
产量/（kg/h）	500~800	刀片排列	8 排交叉排列
堆棉包质量/kg	2000	刀片伸出肋条距离/mm	0~10（可调）
外围墙板直径/mm	4760	小车回转速度/（r/min）	2.3
内围墙板形式	转动式	地轨外径/mm	5192
内围墙板直径/mm	1300	总高度/mm	4155
打手直径/mm	385	机器质量/kg	1600
打手转速/（r/min）	845	全机总功率/kW	3.8
刀片形式	U 形、抓取角 10°、厚 6mm、刀尖角 50°		

借输棉器风机产生的气流作用，将抓棉机抓取的聚乳酸纤维输入 A006B 型混棉机；通过摆斗的左右摆动，配合角钉帘的抓取，使前进的筵棉起到横铺直取的有效混合，同时具有一定的开松和除杂作用。

A006B 型混棉机主要规格数据见表 4-2。

表 4-2　A006B 型混棉机主要规格数据

关键参数	数值设定	关键参数	数值设定
产量/（kg/h）	800	打手形式	刀片
机幅/mm	1060	吸铁装置	有
输棉、压棉帘线速度/（m/min）	1、1.25、1.5、1.75	自动吸落棉装置	无
角钉帘线速度/（m/min）	60、70、80、100	均棉罗拉直径/mm	260
打手/只	1	均棉罗拉转速/（r/min）	200

续表

关键参数	数值设定	关键参数	数值设定
打手直径/mm	400	压棉帘与角钉帘隔距/mm	60~80
打手转速/(r/min)	430	角钉帘与均棉罗拉隔距/mm	40~80
尘棒形式	扁钢尘棒	打手与角钉帘隔距/mm	5
尘棒间隔距/mm	12	全机总功率/kW	1.97（0.8 两只， 0.37 一只）
尘棒根数	19		
打手尘棒间隔距/mm	进口 10~15， 出口 12~20	外形尺寸（长×宽×高）/mm	4085×1430×3696
		机器质量/kg	3600

　　A036A 型及升级后的 FA106 型系列豪猪式开棉机适用于聚乳酸短纤、棉纤维、棉型化纤和 76mm 以下的中长化纤进一步开松和除杂。A036A 型开棉机主要规格数据见表 4-3。

表 4-3　A036A 型开棉机主要规格数据

关键参数	数值设定	关键参数	数值设定
产量/(kg/h)	800	给棉罗拉转速/(r/min)	35，39，46，53，69
机幅/mm	1060	尘格形式	三角棒尘格
打手形式	圆盘矩形刀片	调节方式	机外调节
打手直径/mm	610	全机总功率/kW	3.37
打手转速/(r/min)	480，540，600	外形尺寸（长×宽×高）/mm	3860×1640×1730
给棉罗拉直径/mm	76	机器质量/kg	1800

　　A092A 型双棉箱给棉机主要规格数据见表 4-4，其剖面图如图 4-3 所示。

表 4-4　A092A 型双棉箱给棉机主要规格数据

关键参数	数值设定	关键参数		数值设定
最大产量/(kg/h)	250	回击罗拉转速/(r/min)		550
机幅/mm	1060	清棉罗拉	直径/mm	190
输棉帘线速度/(m/min)	10.4，12.6，14.5		转速/(r/min)	420
角钉帘线速度/(m/min)	50，60，70	角钉帘与均棉罗拉隔距/mm		0~40

续表

关键参数	数值设定	关键参数	数值设定
V 形帘线速度/（m/min）	1.56~3.97	角钉罗拉直径/mm	300
均棉罗拉直径/mm	260	传动方式	由两台电动机分别传动帘子及打手
均棉罗拉转速/（r/min）	335	全机功率/kW	0.8（传动打手），0.55（传动帘子）
剥棉罗拉直径/mm	300	外形尺寸（长×宽×高）/mm	3480×1785×3585
回击罗拉直径/mm	190	机器质量/kg	2700

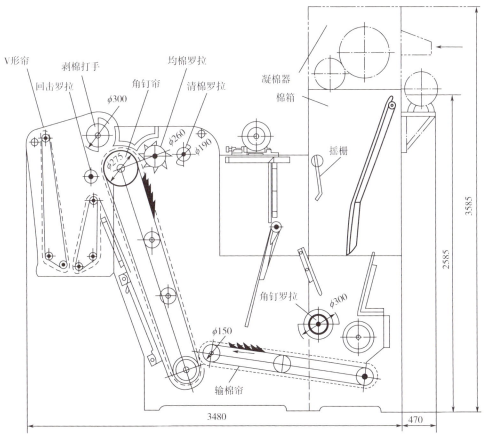

图 4-3　A092A 型双棉箱给棉机剖面图

A076 系列成卷机是将纤维进行进一步开松、除杂后加工成棉卷，供梳棉机使用。A076F 型成卷机主要规格数据见表 4-5。

表 4-5　A076F 型成卷机主要规格数据

关键参数		数值设定	关键参数		数值设定
机幅/mm		1060	风机叶轮	形式	6 翼直叶后倾双进风离心式风机
产量/(kg/h)		250		尺寸/mm	φ550×300
棉卷规格	宽度/mm	980		转速/(r/min)	1200、1300、1400
	长度/mm	30.62~43.18	尘笼直径/mm		560
	质量/kg	13	棉卷压钩横跨中心距离/mm		1210
	直径/mm	365~457	棉卷压钩全动程/mm		600、700
成卷时间/min		3.18~5.83	积极上升动程/(mm/s)		230、280
输棉帘	中心高度/mm	890	积极下降动程/(mm/s)		370、420
	速度/(r/min)	2.00~4.35	升降速度/(mm/s)		150~195
天平罗拉	直径/mm	76	尘格形式		机外可调节的三角尘棒
	转速/(r/min)	9~17.5	尘格根数		15
			尘棒间隔距/mm		5~8
综合打手	直径/mm	46	机器质量/kg		4300
	转速/(r/min)	900、1000	自动落卷时间（不包括自动拨辊）/s		2~3
棉卷罗拉	直径/mm	230	单程自动拨辊时间/s		约 13
	转速/(r/min)	10~13	外形尺寸（长×宽×高）/mm		3745×2710×1520
打手与尘棒间隔距/mm	进口	8			
	出口	18			

（2）梳棉

由于聚乳酸纤维成条困难，所以梳棉工序在聚乳酸纤维成纱工序过程中十分关键。其工艺原则为轻打多梳、少伤纤维、多排除纤维疵点、增加转移、低速度、大隔距和小张力牵伸。为达成这些目标，可采取一系列措施：适度放大给棉板与刺辊、刺辊与锡林、锡林与盖板、锡林与道夫及锡林与前后罩板间的隔距；适当降低各梳理速度，采用化纤专用针布，保证各分梳元件状态良好，避免针布伤痕，适当调节张力牵伸，保证棉网无云斑、无破边和无破洞，避免出现飘头和落网现象。适当大的隔距能避免锡林绕花，减少棉结，改善生条内在质量，适当增加给棉罗拉和压辊间的压力，有利于加强对棉层的有效握持，提高刺辊的分梳能力和分梳效果，提高生条条干质量。生条定量要合理设计，偏重时能改善棉网漂浮现象，但纤维没有得到有效分梳。同时，梳棉工序对温湿度也有要求，需保证温湿度适中。通过优化梳棉工序的各项工艺，可有效提升生条外观，减少棉结，保证棉网质量。

①设备型号的选择。以 A186D 型梳棉机为例，主要规格数据见表 4-6。

表 4-6　A186D 型梳棉机主要规格数据

关键参数		数值设计
盖板	工作区根数/总根数	40/106
	回转方向	正向
	线速度/(mm/min)	化纤：81，98，122
棉条筒规格（直径×高度）/mm		600×900，600×1100
剥棉形式		四罗拉
总牵伸		67~120
总功率/kW		4.46
喂入方式		棉卷
锡林宽度/mm		1020
设计最高产量/(kg/h)		25
设计出条速度/(m/min)		33~62
刺辊	工作直径/mm	250
	转速/(r/min)	980~1070
	除尘刀	1
锡林	裸状直径/mm	1284
	转速/(r/min)	330，360
道夫	裸状直径/mm	698
	转速/(r/min)	15~28
外形尺寸（长×宽）/mm		3714×1994
机器质量/kg		3900

②主要工艺参数。锡林—盖板隔距为 0.35mm、0.35mm、0.30mm、0.30mm 和 0.35mm，生条定量为 17.5g/5m，上下轧辊间隔距为 0.20mm，均较纺棉大，

提高各通道光洁度，减少堵塞断条。梳棉工艺为：锡林转速 360r/min，刺辊转速 870r/min，盖板速度 177mm/min，道夫转速 17r/min，温度 25℃，湿度 68%。

（3）并条

并条工序针对聚乳酸纤维特性，采取多项工艺措施保障生产与质量。车速适当降低，头并后区牵伸倍数控制在 1.8~2.0 倍，二并三并适当偏小，且各道选取与并合数相当的牵伸倍数，以改善熟条条干均匀度，促进纤维伸直平行，防止染色不匀；采用较小卷装，改小喇叭口尺寸，加大胶辊压力，头道 6~7 根、二道和三道 8 根并合，遵循"稳握持、强控制、均牵伸、多并合、重加压、轻定量、大隔距"原则，减少"三绕"（即绕罗拉、绕胶辊、绕道夫）和堵塞现象。同时，为解决因轻微静电导致的缠绕罗拉、胶辊问题，将并条胶辊用 WSN 型涂料处理（效果优于酸处理），控制车速偏低，喇叭口偏小，从而提高条子抱合力，满筒长度从 2km 改为 1.6km，减轻摩擦，并采用三道并合，确保熟条中纤维伸直平行，提升条干均匀度。

①设备型号的选择。以 FA306 型并条机（三道）为例，设备主要规格数据见表 4-7。

表 4-7　FA306 型并条机主要规格数据

关键参数		数值设计
设计速度/（m/min）		600
牵伸形式		三上三下，下压式压力棒，附导向上罗拉，曲线牵伸
喇叭口直径/mm		2.4~4.6（每隔 0.2 一档）
罗拉直径/mm	紧压罗拉	60
	牵伸罗拉（前—后）	45×35×35
	导条罗拉	60
上罗拉直径/mm		36×36×33×36
罗拉加压（前—后）/N		118×362×392×362
压力棒加压/N		58.2
罗拉加压方式		摇臂弹簧加压或气压
主机外形尺寸（长×宽×高）/mm		800×2020×1910

②主要工艺参数。出条速度 600m/min，喇叭口 2.4mm，熟条定量 9.0g/5m，罗拉隔距 6mm×16mm，温度 25℃，湿度 60%。

（4）粗纱

由于聚乳酸纤维较蓬松，抱合力差，需适当加大粗纱的捻系数，同时注意避免细纱出"硬头"现象，保证细纱牵伸顺利，不易断头。导纱条张力适当减小，可减少意外伸长而产生的细节。粗纱工序在工艺配置上仍以提高纤维的分离度和伸直平行度、改善纱条内在结构为原则，采用集中前区牵伸的工艺。因熟条极易分叉散开，操作时要严防条子起毛，破坏条子结构，生产中要求粗纱成形良好，条干均匀，提高粗纱的内在质量。生产中粗纱工序采用"低速度、重加压、轻定量、稳握持、适当大的经向和轴向卷绕密度、小伸长"的工艺原则。同时，在粗纱工序中，纺纱张力偏小掌握，以减少粗纱飘头、防止粗纱意外牵伸，改善条干。

①设备型号的选择。以 FA481 型粗纱机为例，主要规格数据见表 4-8。

表 4-8　FA481 型粗纱机主要规格数据

关键参数		数值设计	关键参数		数值设计
每台锭数		96、108、120	罗拉加压/daN	前罗拉	9
设计锭速/（r/min）		1400			12
粗纱线密度/tex		200~1000			15
牵伸倍数		4.2~12		二罗拉	15
罗拉直径/mm	前罗拉	28			29
	二罗拉	25			25
	三罗拉	28		三罗拉	15
					20
					25

②主要工艺参数。经优选，捻系数定为 104，纺纱张力偏小，以减少纱条意外伸长。粗纱工艺为：粗纱定量 2.8g/10m，总牵伸 6.47 倍，前罗拉转速 140r/min，罗拉隔距 10mm×26.5mm×31mm，温湿度 25℃，63%。

（5）细纱

在细纱工序中，由于聚乳酸纤维良好的弹性和弹性恢复性，需要考虑成纱后的"回缩"现象，因此在细纱工序要采取集中前区的牵伸工艺，后区隔距适当放大，在保证牵伸正常的前提下，适当减小后区牵伸和钳口隔距，捻系数以不出硬头为宜，不同的聚乳酸纤维原料、纺纱设备及生产环境等因素都会影响捻系数的取值范围，一般需要通过多次试验和生产实践来确定具体的数值区间。另外应防止纺纱时速度过高导致钢领与钢丝圈温度过高。故细纱工序采用"强控制、稳握持、匀牵伸、重加压、小钳口、低速度"的工艺原则。

①设备型号的选择。以选择 FA506 型细纱机为例。

②主要工艺参数。采用环锭纺，设置主要工艺参数为总牵伸 28.57 倍，后牵伸 1.25 倍，捻系数 336，前罗拉转速 130r/min，罗拉隔距 18mm×24mm，钳口隔距 2.5mm，温湿度 29.5℃，63%。

③设备主要技术特征。

表 4-9 为 FA506 型细纱机主要规格数据。

表 4-9　FA506 型细纱机主要规格数据

关键参数		数值设计
适纺纤维长度/mm		棉、化纤或混纺，65 以下
每台锭数		384~516
牵伸倍数		10~50
罗拉直径/mm		25
罗拉中心距/mm	前—后（max）	143
	前—中（min）	43
锭速/（r/min）		12000~18000

在聚乳酸纤维细纱工序中，为应对其弹性和回缩特性，通常会采取集中前区牵伸、放大后区隔距等工艺，同时严格控制捻系数、纺纱速度等参数，以保障成纱质量。而在实际生产中，环锭纺和赛络纺是常用的两种细纱工艺。其中，环锭纺是传统的纺纱方式，而赛络纺则在细纱后区采用双根粗纱喂入的独特工艺，两者在工艺参数和成品特性上存在明显差异。相比环锭纺，赛络纺在生产聚乳酸纤维产品时，凭借其特殊的工艺，在成纱强力、表面光洁度、条干均匀度等方面展现出独特优势。

赛络纺上机工艺中，为缓解细纱后区牵伸力，防止中罗拉滑溜，宜采用较小的粗纱捻系数。同时，为降低须条在牵伸过程中的扩散程度，提高输出须条的紧密度，进而提高汇聚前双根须条的加捻效率，需配合采用较小的细纱后区牵伸倍数。一般粗纱捻系数为 96，细纱后区牵伸倍数为 1.05。基于纺纱捻度传递规律，根据纤维长度合理选择粗纱间距和前钳口至汇聚点间的纱条长度，有利于提高成纱强力。试验证明，粗纱间距为 6mm 时，聚乳酸赛络纱强力最大。

由于聚乳酸赛络纱结构的特殊性，赛络纱一定程度上具有股纱的性质。且双根粗纱喂入，先牵伸后并合的工艺模式，增强了牵伸过程和成纱过程的并合效应，有利于改善成纱条干。但是，采用相同规格的粗纱纺制相同规格的细纱，赛络纺的总牵伸是环锭纺的两倍，而牵伸倍数的提高将伴随着细纱条干均匀度的下降。经实验验证，聚乳酸环锭纱与赛络纱的条干差异较小，前者略好于后者。

4.1.2 聚乳酸纯纺纱质量指标

选用长度 38mm，细度 1.5dtex 的聚乳酸纤维，采用上述工艺参数与技术措施，纺成 9.7tex 聚乳酸纤维纯纺纱线，该纱线的主要质量指标见表 4-10。从成纱质量看，除纱线细节稍多外，其他指标良好。其细节相对较多的原因主要是聚乳酸纤维之间产生相对滑移、纱条意外伸长，尚需克服。

表 4-10 聚乳酸纯纺纱线主要质量指标

测试项目	技术指标	测试项目	技术指标
重量偏差/%	±1.6	棉结/（个/km）	45
条干 CV 值/%	14.5	单纱断裂强度/（cN/tex）	17.58
细节/（个/km）	30	强力 CV 值/%	9.8
粗节/（个/km）	55		

同时，在相同纺纱工艺条件下，聚乳酸纤维纯纺纱的外观质量与涤纶纯纺纱接近，但聚乳酸纤维纯纺纱毛羽较高。在强力方面，聚乳酸纤维纱线要较相同条件下的涤纶纯纺纱低。主要原因是聚乳酸纤维的单纤强力比涤纶低，强力不匀率大，同时聚乳酸纤维的摩擦因数较低，纤维间的抱合力较小。在伸长变形方面，聚乳酸纤维纯纺纱的伸长变形能力最好，其伸长量可达 30%~35%，是相同条件下涤纶的 3~4 倍，这与聚乳酸纤维优良的伸长能力有关。

4.2 聚乳酸短纤混纺纱

4.2.1 聚乳酸混纺纱纺纱流程

当聚乳酸纤维与棉、莫代尔、粘胶、莱赛尔等纤维混纺时，能够充分融合各纤维的优良特性，创造出性能卓越的纱线，满足不同领域对纺织品的多样化需求。聚乳酸混纺纱的纺纱流程与传统混纺纱类似，需经过开松与清理、梳棉、并条、粗纱、细纱等过程。

4.2.2　聚乳酸混纺纱的主要品种

（1）聚乳酸纤维/棉混纺纱

聚乳酸纤维具有优异的力学性能，如高强度和高伸长率，制成的织物耐用性好。此外，聚乳酸纤维手感柔软，与化学纤维相比光泽度低，具备抗紫外线和阻燃性能，提升了产品品质。棉纤维作为历史悠久且广泛应用的天然纤维，吸湿性强，能快速吸收汗液，舒适性好；染色性能好，色彩丰富，且天然亲肤，对皮肤刺激小。聚乳酸与棉的混纺技术结合了聚乳酸的环保特性和棉纤维的天然优势，通过科学的纺纱工艺，生产的纱线及织物在多个领域得到广泛应用。聚乳酸纤维/棉（80/20）混纺纱与纯棉纱的性能对比见表4-11。纺纱过程是决定聚乳酸与棉混纺产品质量的关键环节，各工序紧密关联，任何一个环节的参数设置都会对最终产品性能产生重要影响。

表4-11　聚乳酸纤维/棉（80/20）混纺纱与纯棉纱的性能对比

物理性能	聚乳酸纤维/棉混纺纱	纯棉纱	化学性能	聚乳酸纤维/棉混纺纱	纯棉纱
断裂强度/（cN/tex）	22	17	耐酸性	中等	低
断裂伸长率/%	20~25	5~10	耐碱性	低	中等
吸湿性	中等	高	生物降解性	高	低

开清棉工序：在开清棉工序中，以FA002型圆盘抓棉机为例，精确调控抓棉量至关重要，这有助于保证纤维均匀抓取，避免因局部抓取过多或过少而导致混合不均匀的情况发生。A036C型开棉机采用梳针打手，相较于传统打手，梳针打手对纤维的作用更温和，能够有效减少打击损伤。

梳棉工序：聚乳酸纤维加入后，梳棉工艺与传统纯棉纺存在诸多区别。在针布选择上，针对聚乳酸纤维刚性小、易缠绕的特性，锡林针布齿密度更大、工作角更小，道夫针布齿形深而细；梳理时加大锡林与刺辊线速比，放大各部分隔距；定量更轻，梳理速度更低。

这些区别是由于聚乳酸纤维弹性好、刚性小、长度整齐度好且含杂少的特性，同时也能满足混纺纱的质量要求，兼顾两种纤维特点，减少棉结和短绒，提高混合均匀度。开清棉工序关键参数见表4-12，A186D型梳棉机关键参数见表4-13。

表 4-12　聚乳酸纤维/棉混纺纱开清棉工序关键参数设定

关键参数		数值设定	关键参数	数值设定
运转率/%	≥	90	给棉罗拉与打手隔距	适当放大
打手转速/(r/min)		713	速度/(r/min)	900
打手转速/(r/min)		425	棉卷定量/(g/m)	390
打手速度/r/min		540		

表 4-13　A186D 型梳棉机关键参数设定

关键参数	数值设定	关键参数	数值设定
生条定量/(g/5m)	18.2		0.25
锡林转速/(r/min)	310	锡林—盖板隔距/mm	0.23
			0.23
刺辊转速/(r/min)	810		0.25
道夫转速/(r/min)	22	给棉板—刺辊隔距/mm	0.3
锡林—盖板隔距/mm	0.28	给棉板抬高距离/mm	2

并条工序：并条工序中，由于聚乳酸纤维弹性及弹性回复性良好、导电性欠佳且纤维蓬松，需采用"重加压、中定量、低速度"的工艺原则，以此减少"三绕"（绕罗拉、绕皮辊、绕道夫）和堵塞现象。在牵伸工艺方面，头道并条后区牵伸倍数应较大，采用顺牵伸配置并依据纤维长度优化罗拉间隔距，从而精准控制纤维运动，提升生条质量。并条速度需控制在 1300r/min 以下，以保障聚乳酸纤维与棉条均匀混合，降低生条不匀率。机后张力应偏低掌握，通常控制在 1.05 左右，并调节机后导条架与棉的角度，防止棉条出现缠绕、劈开双套喂入等问题，其工序参数见表 4-14。

表 4-14　FA302 型预并条机关键参数设定

关键参数	数值设定	关键参数	数值设定
定量（预并）/(g/5m)	14.46	定量（混并三道）/(g/5m)	14.98
定量（混并头道）/(g/5m)	17.36	并合数（预并、混并头道）	6
定量（混并二道）/(g/5m)	15.92	并合数（混并二道、混并三道）	8

关键参数	数值设定	关键参数	数值设定
后区牵伸（预并）/倍	1.61	总牵伸（混并头道）/倍	6.38
后区牵伸（混并头道）/倍	1.43	总牵伸（混并二道）/倍	8.61
后区牵伸（混并二道）/倍	1.43	总牵伸（混并三道）/倍	8.29
后区牵伸（混并三道）/倍	1.27	罗拉隔距/mm	10×7×20
总牵伸（预并）/倍	6.53	输出速度/（m/min）	300

适当增大后区牵伸倍数，不仅可以降低牵伸力，减少因静电导致的纤维缠绕问题，还能提高熟条中纤维的伸直平行度，为后续纺纱工序提供质量稳定的半制品。

粗纱工序：为保证成纱质量稳定，粗纱定量宜偏轻掌握，一般设定为 3.5g/10m。这是因为细纱采用紧密赛络纺时，牵伸力较大，较轻的粗纱定量有助于在牵伸过程中更好地控制纤维，减少意外牵伸，从而保证成纱条干均匀度。加大粗纱捻系数能够提高纤维的伸直平行度，改善条干水平，A456 型粗纱机关键参数设定见表 4-15。

表 4-15　A456 型粗纱机关键参数设定

关键参数	数值设定	关键参数	数值设定
粗纱定量/（g/10m）	3.60	罗拉隔距/mm	26×31
粗纱捻度/（捻/10cm）	4.78	锭速/（r/min）	640
后区牵伸/倍	1.21	前罗拉速度/（r/min）	152
总牵伸/倍	8.05		

细纱工序：在细纱工序采用紧密赛络纺时，需依据混纺纱线的最终用途和纤维特性精准选择工艺参数。对于针织用纱，由于其要求纱线表面柔软光滑，细纱捻度通常低于机织用纱，A513W 型细纱机关键参数设定见表 4-16。

表 4-16　A513W 型细纱机关键参数设定

关键参数	数值设定	关键参数	数值设定
罗拉隔距/mm	19×35	钳口隔距/mm	2.5
后区牵伸/倍	1.15	前罗拉速度/（r/min）	164
锭速/（r/min）	13100	胶辊类型	选用较低硬度胶辊

使用较重的钢丝圈，如 LRT5/0 型号，能够有效控制纺纱气圈张力，减少纱线毛羽，使纱线表面光洁，满足针织用纱的质量要求。不同的混纺比对聚乳酸与棉混纺纱线的性能有着显著影响。大量研究表明，当混纺比为 50/50 时，混纺纱在强伸性能、条干均匀度和毛羽等方面呈现出独特的性能特征。

在强伸性能方面，50/50 混纺纱的断裂强力会出现一个相对低谷值。28tex 的混纺纱线的断裂强力在 220~240cN。这一现象是由于棉纤维和聚乳酸纤维断裂伸长率的差异。在拉伸过程中，伸长率较小的棉纤维率先达到断裂极限，此时聚乳酸纤维虽未完全断裂，但尚未充分发挥其强力作用，导致混纺纱整体强力在该混纺比下较低。然而，随着拉伸的继续，聚乳酸纤维能够承受一定的拉伸负荷，使混纺纱仍保持一定的强度。

在条干均匀度方面，50/50 混纺纱条干 CV 值通常处于一个相对较好的范围（14%~16%）（实际数值会因纺纱设备、工艺条件等因素有所波动）。这是由于在该混纺比下，两种纤维在纱线截面内的分布相对均匀，纤维间的抱合和排列较为有序，减少了因纤维分布不均导致的纱线粗细不匀现象，从而提高了纱线的条干均匀度。

在毛羽方面，50/50 混纺纱毛羽指数（0.5mm）相对较低。部分研究中的结论显示，该混纺比下的毛羽指数可能在 40~60 根/m 左右。这得益于聚乳酸纤维的光滑表面和棉纤维的吸湿性。光滑的聚乳酸纤维表面减少了纤维间的摩擦，降低了纤维头端被挤出形成毛羽的可能性；而棉纤维的吸湿性有助于减少静电产生，进一步降低了毛羽的形成概率，使纱线表面更加光洁，提升了织物的外观质量和手感。

从织物性能角度来看，聚乳酸与棉混纺织物在透气性、透湿性和吸湿性方面表现出色。由于棉纤维具有良好的吸湿透气特性，聚乳酸纤维的内部结构也存在一定空隙，使得混纺织物的透气量可达 80~100mm/s（在特定的织物结构和测试条件下），透湿量在 800~1000g/（m²·d）。这意味着织物能够有效吸收人体排出的汗液和湿气，并及时将其散发到外界，保持皮肤干爽舒适，提高了穿着的舒适性。在抗折皱性方面，混纺织物的折皱回复角可达 120°~140°（不同测试方法和条件下会有所差异），展现出较好的抗皱性能。这使衣物在日常穿着和洗涤过程中不易产生褶皱，即使出现褶皱也能在较短时间内恢复平整，保持良好的外观，减少了频繁熨烫的麻烦。

（2）聚乳酸纤维/莫代尔混纺纱

莫代尔是由天然木浆制成的高湿模量纤维素再生纤维，生产过程无污染，对人体和环境友好，兼具天然纤维质感与合成纤维耐用性，不过织物易起毛起球。

在制备聚乳酸/莫代尔混纺纱时，可选用细度为 18dtex、长度 38mm 的聚乳酸纤维和莫代尔纤维。先将两种纤维按 30/70、40/60、50/50、70/30、80/20 等不同混纺比进行充分混合，确保两种纤维分布均匀。随后，通过清棉工序开松纤维，去除杂质；梳棉工序梳理纤维，使其伸直平行；精梳工序进一步排除短纤维和细小杂质，提高纤维的整齐度和伸直度；并条工序对纤维进行并合和牵伸，改善纤维的混合均匀度；粗纱工序将纤维条进行牵伸拉细并加上一定捻度；最后，细纱工序对混纺粗纱进行牵伸并加捻，使纤维紧密结合，制成不同混纺比的聚乳酸/莫代尔混纺纱。

在断裂强力方面，随着聚乳酸纤维含量增加，混纺纱断裂强力先缓慢减小，在聚乳酸含量达到 40% 时下降幅度增大，70% 左右时达到最小值，之后开始回升。这是因为拉伸初期，聚乳酸纤维未充分发挥作用，混纺纱强力主要依赖莫代尔纤维，莫代尔纤维断裂后，聚乳酸纤维才承担主要拉伸负荷。

在断裂伸长率方面，随聚乳酸纤维含量增加，混纺纱断裂伸长率逐渐增大，当聚乳酸纤维含量达到约 70% 时显著增加。在聚乳酸纤维含量少时，纱线断裂伸长率主要受莫代尔纤维影响；聚乳酸纤维含量大于 70% 后，混纺纱向高强高伸方向发展。

在断裂功与初始模量方面，断裂功与断裂伸长率变化趋势相似，在聚乳酸含量约 70% 时激增。初始模量随聚乳酸纤维含量增加逐渐减小，在聚乳酸纤维含量为 30% 和 70% 时下降明显，表明纱线受小拉伸力时，抵抗变形能力随聚乳酸纤维含量增加而降低。

在松弛性能方面，聚乳酸与莫代尔混纺纱内应力在 20min 左右趋于稳定，前 10min 应力松弛值变化大，之后变化小，曲线趋于平滑。这意味着在对纱线或织物进行后整理加工时，处理时间最少要达到 10min，否则会影响产品性能。

（3）聚乳酸纤维/莱赛尔混纺纱

莱赛尔纤维以木浆为原料，通过溶剂纺丝工艺制成，原料可再生，生产过程环保。莱赛尔纤维具有棉的舒适性、粘胶的悬垂性、涤纶的强伸性和真丝的手感光泽，与聚乳酸形成的混纺纱具有良好的手感和外观，如图 4-4 所示。在纺纱过程中，研究人员精心调配比例，制备了不同配比的混纺纱线，包括 75/25、50/50 和 25/75 三种。这些纤维先在并条机上进行条子混合，随后在工业环锭纺生产线上

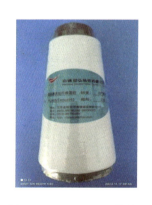

图 4-4　14.6tex（40 英支）聚乳酸纤维/莱赛尔纤维混纺纱

制成线密度为 19.7tex（30 英支）的纱线。

清花工序：依据两种纤维理化性能相近的特点，常采用清花转盘混合方式，如 A002D 型圆盘抓棉机与 A006B 型混棉机协同作业。A036B 型开棉机和 A036C 型梳针开棉机适当降低打手速度，例如 A036C 型梳针开棉机速度可能控制在 500r/min 以下，以此减少纤维损伤，同时加强穿刺开松效果。此外，合理调节上下尘笼棉层厚度，采用凹凸防黏罗拉并加大棉卷罗拉压力，可增加纤维抱合力，提高棉卷紧密度。车间相对湿度控制在 60% 左右，以保障生产环境的稳定。

梳棉工序：为应对聚乳酸纤维弹性好、蓬松、静电大等特点，选用如 AT561×05611 型号的刺辊针布、AC2810×D1660 型号的锡林针布等，这些针布规格设计有助于优化梳理效果，减少"三绕"现象。在速度选择上，锡林转速设为 312r/min，道夫转速 174r/min，确保纤维在被充分梳理的同时减少损伤。此外，合理设置锡林与道夫、锡林与刺辊等隔距，如锡林—道夫隔距为 0.20mm，可有效提升梳理质量。

并条工序：以 FA306 型并条机为例，其速度比纺纯棉低 20%，皮辊采用较高硬度且表面进行生漳防静电处理。头道总牵伸倍数略小，后区牵伸倍数略大；二道则相反，这种牵伸设置有利于纤维伸直平行，提高条干均匀度。由于聚乳酸纤维蓬松度大，满桶定长应适当减少，机后张力应增大，控制在 1.05 左右，以防止半熟条回缩褶皱影响质量。

粗纱工序：采用较小的后区牵伸，充分发挥主牵伸区的作用，有效控制浮游纤维。通过正交试验确定如 13mm×22mm×25mm 的隔距、1.24 的后区牵伸倍数、66~70 的捻系数等参数，在保证粗纱成形与细纱退绕不产生意外牵伸的同时，加强细纱后区牵伸中纤维的控制，避免细纱出现"硬头"现象。

细纱工序：合理控制钳口隔距，选用低硬度胶辊，加强浮游区纤维的控制。例如，罗拉隔距设置为特定值，总牵伸倍数根据实际情况进行调整，以提高纱线条干水平，降低毛羽，减少细节，提升针织布面质量。

在性能方面，当莱赛尔纤维比例较高时，混纺材料展现出诸多优势。在拉伸性能上，随着莱赛尔纤维比例的增加，纱线强度明显提升。例如，25/75 聚乳酸纤维/莱赛尔混纺纱线的强度高于 50/50 聚乳酸纤维/莱赛尔混纺纱线和 100% 聚乳酸纱线，这是因为莱赛尔纤维本身强度较高，且线密度更低，在相同线密度的纱线中，能够增加纤维数量，从而提升整体强度。

在舒适度方面，聚乳酸和莱赛尔混纺织物同样表现优异。在水汽阻力测试中，100% 聚乳酸、100% 莱赛尔及其混纺织物的水汽阻力明显低于 PET/棉混纺织物。这意味着在炎热潮湿的环境下，穿着聚乳酸和莱赛尔混纺衣物，人体产生的汗液能更快地蒸发出去，让皮肤时刻保持干爽舒适。而且，这类混纺织物的透气率也较高，当莱赛尔纤维比例增加时，织物的透气率随之上升，进一步提升了穿着的舒适度。

在弯曲长度测试中，莱赛尔纤维比例高的混纺织物弯曲长度较小，面料更加柔软，穿着时更加贴合身体，提升了服装的整体美感和穿着体验。在起球倾向测试中，聚乳酸纤维比例高的混纺织物起球倾向较低，这使衣物在日常穿着和洗涤过程中，能更好地保持外观，延长使用寿命。

（4）聚乳酸纤维/粘胶混纺纱

粘胶纤维具有极佳的吸湿、透气性能，能让皮肤自由呼吸，其染色性能也十分出色，可呈现出丰富多样的色彩。更重要的是，它具备良好的阻燃性，在关键时刻能延缓火势，保障安全。然而，粘胶纤维的强力和弹性相对较弱。

为充分结合两者的优势，科研人员在纺纱过程中进行了精心设计。在原料准备阶段，对阻燃粘胶和聚乳酸纤维进行严格筛选和性能测试。其中，聚乳酸纤维长度为 38mm，线密度 0.278tex，回潮率仅 0.4%，断裂强度 3.5cN/tex，断裂伸长率 28.7%；阻燃粘胶的长度同样为 38mm，线密度 0.278tex，但回潮率高达 13.0%，断裂强度 2.1cN/tex，断裂伸长率 11.4%。

纺纱采用小型数字化快速纺纱系统。在开清棉工序，适当降低打手速度，收小尘棒隔距，增加紧压罗拉压力，并将湿度控制在 65% 左右，以减少纤维损伤和静电产生。梳理工序选择"好转移、低速度、紧隔距"等工艺，有效降低纤维短绒率和棉结等疵点。并条、粗纱、细纱工序也分别采取了相应的优化措施，例如在细纱工序，通过将捻系数从最初的 300 调整为 400，有效提高了细纱强力。

经过一系列工序后，得到了不同混纺比的纱线。研究发现，当混纺比为 60/40 时，织物性能达到最佳平衡。此时，纱线断裂强度为 8.7cN/tex，断裂伸长率为 12.5%，其织物更加坚韧耐用。在织物性能方面，极限氧指数为 24.3%，达到三级阻燃标准，能在一定程度上保障安全，吸水速度为 12%/s，既不会让水分长时间残留，又能保证一定的吸湿效果，提升了穿着的舒适性。

（5）聚乳酸纤维/羊毛混纺纱

制造聚乳酸纤维/羊毛混纺织物，原料准备是关键的一步。混纺纱采用的聚乳酸纤维专为羊毛纺纱系统设计，纤维长度达 75mm，线密度为 3dtex。这些原料在细纱工序前的几道工序上与羊毛纤维混合，使不同纤维均匀分布，为后续细纱环节奠定基础。

细纱环节采用赛络纺工艺，在环锭细纱机上，两根保持一定间距的粗纱平行喂入牵伸区。经过牵伸后，由前罗拉输出两根单纱须条，在加捻三角区进行并合加捻。在加捻过程中，纱线获得强度和稳定性。最终，直接形成可用于织造的双股赛络纺合股纱，线密度为 216.7tex，捻度达 640/660 捻/m，如图 4-5 所示。赛络纺工艺的优势在于能使纱线结构紧密，纤维排列更加有序，从而提升纱线的质量。

图 4-5　聚乳酸纤维/羊毛混纺纱

聚乳酸/羊毛混纺织物在性能上呈现出独特的特点。在顶破性能方面，未磨损的平纹聚乳酸/羊毛织物顶破时，最大载荷 F_{max} 可达 109.87N，断裂载荷 F_{br} 为 110.63N，断裂伸长 X_{br} 为 7.10mm；斜纹织物的表现更为出色，F_{max} 为 140.18N，F_{br} 达 143.00N，X_{br} 为 6.59mm。

综上所述，聚乳酸纤维应用初期，应用比例可由低到高逐步增加，如与棉、莫代尔、粘胶、莱赛尔等天然或纤维素纤维混纺，通过巧妙的工艺设计和纤维比例调配，实现了不同纤维性能的优势互补。这些混纺纱线及其制成的织物在强伸性能、条干均匀度、毛羽情况、透气透湿性、抗皱性、舒适度等方面展现出独特的性能优势，满足了服装、家纺、产业用纺织品等多个领域的多样化需求。

4.3　聚乳酸长丝/短纤复合纱

复合纱是指由两种或两种以上不同性质的纤维，通过特定的加工工艺组合而成的纱线。这些纤维可以是天然纤维（如棉、羊毛、蚕丝等）或化学纤维（如聚酯纤维、聚乳酸纤维、尼龙纤维等），也可以是不同类型的化学纤维。复合纱的目的是综合各种纤维的优点，弥补单一纤维的不足，从而获得具有特定性能的纱线，满足不同用途的需求。本部分常规复合纱是指在纺织行业中广泛应用的、具有标准化生产工艺和性能指标的复合纱。这些复合纱通常由常见的纤维组合而成，生产工艺相对成熟，产品质量稳定，能够满足大多数常规纺织品的需求。

聚乳酸纤维在常规复合纱的制备与生产中能起到独特的作用，可以制备出具有多种优良性能的常规复合纱。这些复合纱在服装、医用材料和产业用纺织品等领域具有广泛的应用前景。通过合理的工艺设计和参数优化，可以进一步提高复合纱的性能，满足不同应用需求。聚乳酸复合纱包括常规聚乳酸复合纱和新型功能化聚乳酸复合纱，具体如图 4-6 所示。

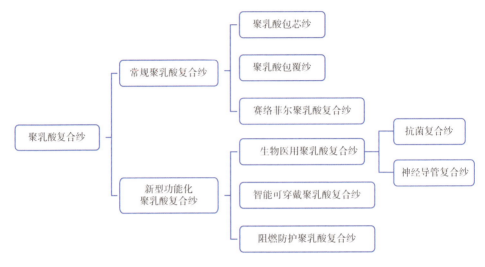

图 4-6 聚乳酸复合纱分类

4.3.1 常规聚乳酸复合纱

4.3.1.1 聚乳酸包芯纱

包芯纱一般以强力和弹力都较好的纤维长丝为芯丝，外包短纤维一起加捻纺制而成，包芯纱兼有长丝芯纱和外包短纤维的优良性能。例如可以利用芯纱长丝优良的力学性能和外包短纤的性能及表面特征，充分发挥两种纤维的优势，并弥补它们的不足。聚乳酸纤维具有舒适的手感、抗皱防缩性和滑爽性，还具有抗紫外线、耐日照、抗菌、防霉等功能，且对皮肤具有亲和力。将其应用于包芯纱结构，能得到各种性能优良的包芯纱如纯聚乳酸的弹力包芯纱、聚乳酸纤维/氨纶弹力包芯纱等。其制备方法及工艺流程如下。

（1）开清棉和梳棉工序

由于聚乳酸纤维采用熔融纺丝法制成，具有化纤特性，其长度长，整齐度好，不含杂质，且强度大，具有很好的可纺性，但其也存在抱合力差，质量比电阻大，静电现象严重等问题。因此开清棉工序应遵循"多梳少打、低速度、大隔距、微束抓取、逐渐开松"的工艺原则，在确保纤维充分开松的前提下，减少纤维损伤。在梳棉工序中为确保棉网清晰、均匀，减少纤维损伤，应适当增加刺辊与给棉板间的隔距，以缓和刺辊对聚乳酸纤维的抓取作用，遵循"轻定量、小张力、轻打多梳、低速度、快转移、中隔距"的工艺原则，以减少对纤维的损伤。

在冬季车间空气干燥的条件下，由于聚乳酸纤维表面光滑以及静电现象的影响，可能会影响道夫上棉网的剥离，为保证成网质量，应维持一定的温湿度条件或对道夫等部件进行抗静电处理。

聚乳酸纤维梳棉工艺最优方案为：锡林转速 340r/min，刺辊速度 720r/min，道夫速度 15r/min。

（2）并条工序

由于聚乳酸纤维本身具有较大的强力，因此在并条工序应首先保证熟条条干。在头道并条时应采用较小的牵伸倍数，有利于前弯钩伸直，在二道并条的主牵伸区采用较大的牵伸倍数，有利于后弯钩的伸直。因此采用二道并条，牵伸配置为头道小二道大，有利于消除纤维中后弯钩，提高纤维的平行伸直度及熟条条干均匀度；另外由于聚乳酸纤维质量比电阻较高，回潮率低，纤维带有轻微静电，纤维蓬松，胶辊表面要进行抗静电处理，适当降低车速，避免纤维缠绕胶辊或罗拉。

第一次并条时，并条根数为 6 根，牵伸倍数为 5.1，粗纱定量为 4.5g/10m；第二次并条时，并条根数为 6 根，牵伸倍数为 5.4，粗纱定量为 5.0g/10m。

（3）粗纱工序

在粗纱工序，后区牵伸倍数偏小掌握，后区罗拉隔距偏大控制，有利于提高粗纱条干水平；在保证加压充分的前提下，主牵伸区罗拉隔距应偏小掌握，以改善牵伸质量，提高粗纱条干均匀度；粗纱张力偏小控制，以减小意外伸长，提高粗纱条干水平。

实验得出，粗纱捻度设定在 10 捻/m，后区牵伸倍数为 1.25，锭速为 800r/min。

（4）细纱工序

细纱捻向为"Z"捻，为使包覆效果良好，聚乳酸纤维长丝输入前胶辊须略微靠向聚乳酸短纤维须条中心左侧。通过张力调节，使长丝张力大于聚乳酸短纤维须条张力，提高包覆质量。加捻作用使纱线中纤维间产生了向心压力，增大了纤维间的摩擦力。在一定的捻度范围内，增加捻系数，外包纤维的向心压力增大，纤维内外转移变多，纤维间的摩擦力、抱合力增大，外包纤维对芯丝包缠得更加紧密牢固，包芯纱的抗剥离性能越强，纱线的毛羽减少。

最优工艺参数为：纱线捻度 950 捻/m，后区牵伸倍数 1.30 倍，粗纱定量 4.6g/10m，总牵伸倍数 31.1 倍，锭速 11000r/min。

细纱工序中，影响包芯纱强力和弹性的主要因素有芯丝预牵伸倍数、纺纱捻度和后区牵伸倍数等。为此，对于纯聚乳酸、蚕丝/聚乳酸的包芯纱，应确保长丝通过张力器后保持一定张力伸直但不伸长，即芯丝预牵伸倍数为 1。对于聚乳酸/氨纶长丝的弹力包芯纱，由于芯丝预牵伸倍数对弹力包芯纱性能影响较大，故氨纶长丝要通过送丝托辊获得一定的预牵伸，通过更换不同齿数的传动齿轮来改变芯丝的预牵伸倍数。

（5）定捻工序

包芯纱的捻系数较大，由于成纱后的张力小于纺纱时的张力，放置一定时间后容易收缩，在纱线后道加工退绕过程中会产生回捻缠绕，形成卷缩疵点。另外，聚乳酸纤维耐热性不好，过高的温度会使纤维强力明显下降。

因此，应采用浸渍法对纱线进行定捻，选择合适的温度和时间。水温控制在80~85℃，浸渍时间为2~3min，处理后的纱管取出并放置至干燥后即可使用。

（6）要点及优化方案

选择聚乳酸长丝或者氨纶长丝做芯丝，选择聚乳酸或者绢丝短纤做外包纤维。与一般短纤纱相比，可获得耐磨性、弹性更好，手感更优良的聚乳酸包芯纱。纺纱工艺要点和原理图如图4-7所示。

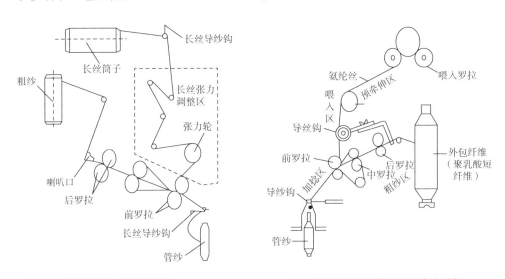

（a）长丝/短纤复合纱环锭纺工艺　　　　（b）环锭纺纱机纺制氨纶包芯纱原理图

图4-7　纺纱工艺要点和原理图

纺纱工艺要点总结如下：

①为达到理想的包覆效果，芯丝比例须恰当。经过纺纱实践得出芯丝比例为30%时可获得理想的弹性和包覆效果。因包芯纱的粗纱定量要轻于一般的粗纱定量，故可适当提高粗纱中的牵伸倍数，降低细纱环节牵伸倍数，提高产品质量和细纱环节效率。

②聚乳酸纤维回潮率低，质量比电阻较高，纺纱中会产生静电，故应对与聚乳酸纤维直接接触的部件进行抗静电处理。

③细纱捻向为 Z 捻，为使包覆效果良好，聚乳酸长丝输入前皮辊应当微靠向聚乳酸短纤维须条中心的左侧。通过张力调节使长丝张力大于聚乳酸短纤维须条张力，来提高包覆质量。

④为获得良好的包覆效果，加工包芯纱时细纱工序中的锭速要比一般短纤纱略低，纱线的捻系数比正常纱略大。

⑤注意保持钢丝圈与钢领之间的良好配合，否则纺纱时从前罗拉经钢丝圈到纱管会产生不同的牵伸，造成包芯纱弹力不匀和毛羽增加。

⑥为避免静电的不利影响，纺纱的各通道应保持光滑且无毛刺，并且钢丝圈不能有毛刺和沟槽，避免产生"缺芯"的现象。

4.3.1.2　聚乳酸包覆纱

包覆纱又称包缠纱，是一种新型结构的纱线，它是以长丝或短纤维为纱芯，外包另一种长丝或短纤维纱条制成。外包纱按照螺旋的方式对芯纱进行包覆，其特点为条干均匀、蓬松丰满、纱线光滑、毛羽少、强力高且断头少。包覆纱多用于制备要求高弹的针织物，部分用于机织物，是高档细薄的毛、麻织物、提花双层纬编针织物和经编织物等的理想纱线。粗细号纱可用包覆纱来纺，其中以弹力纱居多，包覆纱适用于织造运动紧身衣，如游泳衣、滑雪服、女内衣等。根据用途选择适当的芯纱和外包纱制备包覆纱，其强力比任何一种单纱都高。

聚乳酸纤维在参与制备包覆纱的过程中，具有一系列优良特性，如聚乳酸纤维具有良好的生物降解性，使用后不会对环境造成长期污染，符合可持续发展的要求。聚乳酸纤维具有较高的拉伸强度和模量，能有效提高包覆纱的整体力学性能，使其在承受拉伸和弯曲等外力时表现出色。聚乳酸纤维在包覆过程中能够均匀地覆盖在芯纱表面，形成紧密的包覆层，减少芯纱的毛羽外露，提高纱线的表面光洁度和耐磨性。作为增强体的聚乳酸纤维能够显著提高复合材料的拉伸强度、弯曲强度和冲击韧性，改善材料的整体性能。通过改变包覆纱中聚乳酸纤维的含量，可以调节复合材料的性能，以满足不同应用场景的需求，同时聚乳酸纤维制备包覆纱的工艺相对简单，易于控制和优化，适合大规模生产，前景广阔。以聚乳酸/苎麻包覆复合纱为例，聚乳酸纤维与苎麻纤维都属于可降解材料，使用后不会对环境造成长期污染。两者结合能包覆均匀，形成紧密的包覆层，减少芯纱的毛羽外露，具有良好的力学性能，提高纱线的表面光洁度和耐磨性。其制备方法及工艺流程如图 4-8 所示。

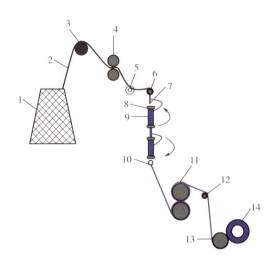

图 4-8　包覆纱线制备方法及工艺流程

1—纱筒　2—苎麻纱线　3—张力器　4—导杆　5—导纱钩　6—导纱管　7—空心锭子　8—空心管

9—聚丙烯包纱　10—加捻钩　11—输出罗拉　12—导纱杆　13—槽筒　14—花式纱管

（1）原料准备

选择合适的聚乳酸纤维，通常为长丝，具有良好的力学性能和热塑性。同时，选择高质量的苎麻纤维，通常为短纤或长丝，具有高强度和良好的韧性和生物降解性。

（2）设备选择

可选择环锭细纱机、花式捻线机用于制备包芯纱，能够实现芯纱和外包纱的均匀混合。其他设备包括纱线张力器、导纱器、输出罗拉等，确保纱线在制备过程中保持张力和速度的稳定。

（3）工艺参数设定

输出罗拉速度控制在 8.65m/min 左右，以确保聚乳酸纤维和苎麻纤维的均匀混合和良好包覆效果；其次芯纱张力保持均匀，避免芯纱在包覆过程中出现断头或露芯现象；最后包覆捻度可根据需要来调整，以确保包覆纱的强度和均匀性。

（4）纺纱过程

将聚乳酸纤维和苎麻纤维分别进行预处理，确保纤维表面清洁、无杂质。对苎麻纤维进行适当的碱处理，以提高其与聚乳酸纤维的结合力。以花式捻线机为例，将苎麻纤维作为芯纱，通过花式捻线机的输入罗拉进入空心锭。将聚乳酸纤维作为外包纱，通过空心管引入空心锭，与苎麻芯纱一起进行捻线。最后由输出罗拉将包覆纱引出，使得纱线的张力和速度稳定且均匀。

（5）要点及优化方案

①聚乳酸长丝双向包覆而成的包覆纱，最外层的聚乳酸长丝包覆较松，包覆密度较小，织造时综丝和综框对纱线的摩擦易产生大量毛羽，造成纱线断头，因此包覆纱的制备采用单向包覆的形式。

②当输出罗拉 RL5 挡位参数为 2.14Hz 时，包覆纱的外观较好，聚乳酸长丝对苎麻包覆较紧密且均匀，包覆纱表面较光滑。因此，将经纬纱输出罗拉速度即 RLS 的挡位设定为 2.14Hz，输入罗拉 RL1 设定为 2.07Hz。

③为了使包覆纱表面更加均匀，利于织造顺利进行，可在空心锭顶端加一个聚拢器，使聚乳酸长丝以不小于 60° 的角度包覆苎麻纱，制备的包覆纱外观更加均匀、紧密。

④与单根聚乳酸长丝包覆苎麻短纤纱而成的纱线相比，采用合股的聚乳酸长丝对苎麻短纤纱包覆而成的包覆纱中树脂含量较多，并能完全覆盖苎麻短纤纱，可减少纱线毛羽，有利于织造和预成型体的浸润。

4.3.1.3　赛络菲尔聚乳酸复合纱

赛络菲尔纺是在传统环锭细纱机上加装一个长丝喂入装置，使长丝与经牵伸的须条保持一定间距，并在前罗拉钳口汇合加捻成纱。聚乳酸纤维通过赛络菲尔纺工艺后，其成纱性能在断裂强力、毛羽、条干及耐磨性上都有比较突出的提升，拓宽了其应用领域。以聚乳酸/棉复合纱为例，其制备方法及工艺流程如下所述：

（1）原料准备

聚乳酸长丝：选择合适的聚乳酸长丝规格，如 165dtex/72f，其断裂强度为 3.62cN/dtex，断裂强度 CV 值为 4.45%，断裂伸长率为 28.19%。

棉纤维：选择棉粗纱，如 3.4g/10m，粗纱条干 CV 值为 6.2%，棉纤维品级为 2 级，主体长度为 29mm，马克隆值 4.2。

其他纤维（可选）：根据需要可添加莫代尔、涤纶等纤维，以改善纱线性能。

（2）设备选择

使用小型数字式细纱试验机，在牵伸装置上方加装 V 形槽导丝轮。参数设置：聚乳酸长丝预加张力为 25cN，细纱机转速为 8000r/min。

（3）纺纱过程

混纺质量比：将聚乳酸长丝与棉纤维按一定质量比混合，如 60/40。长丝—须条间距：保持聚乳酸长丝与棉须条的间距为 8mm。捻度控制：设置捻度为 700 捻/m。

将聚乳酸长丝与价格低廉、性能优越的棉纤维通过赛络菲尔纺纱技术纺制出的聚乳酸/棉复合纱线（图 4-9），可兼具聚乳酸长丝和棉纤维的优越特性，有利于大幅度降低生产成本，是一种具有高附加值的产品，并且保持了混纺体系的可降解性，具有很好的商业前景。

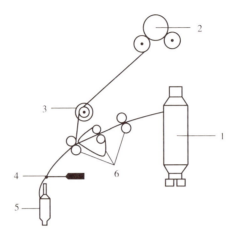

图 4-9　赛络菲尔纺纱示意图

1—棉粗纱　2—聚乳酸长丝筒　3—V 形槽导丝轮　4—导纱钩　5—管纱　6—罗拉

4.3.2　新型功能化聚乳酸复合纱

近年来，聚乳酸纱线的功能化已成为纺织领域提升产品附加值和市场竞争力的关键策略。这一发展趋势源于市场对多功能聚乳酸纱线的迫切需求，特别是在增强耐用性、抗菌性能和穿着舒适性等性能方面。例如，纳米技术的创新应用在聚乳酸纱线功能化进程中发挥了重要作用，通过纳米改性技术成功开发出具有抗菌、自清洁和紫外线防护等特性的高性能聚乳酸复合纱线。目前，功能化聚乳酸复合纱线已在生物医用材料、智能可穿戴设备和阻燃防护服等领域获得广泛应用，展现出显著的应用价值和发展潜力。

4.3.2.1　生物医用聚乳酸复合纱

（1）抗菌复合纱

聚乳酸作为可生物降解高分子材料的典型代表，在自然环境中可降解为二氧化碳和水，符合绿色经济与可持续发展理念。因其具有良好生物相容性、安全降解产物及广泛原料来源，在手术缝合线、医用敷料、组织工程支架等领域已得到应用。聚乳酸纳米纤维具有良好的生物相容性、力学性能和降解性，目前，研究人员尝试采用多种新型复合纺纱方法对其进行改性，推进其在医疗领域的应用。

为得到性能优异的抗菌纱线，以聚乳酸纱线为载体，运用多针头共轭静电纺丝技术进行制备。先将聚碳酸亚丙酯型聚氨酯弹性体和抗菌剂按特定比例（聚碳酸亚丙酯型聚氨酯弹性体质量分数为 30% ~ 40%，抗菌剂质量分数为 3% ~ 9%）溶于溶剂制成抗菌纺丝液，再通过多针头共轭静电纺丝装置（图 4-10），在严格控制的工艺参数（如供液速度 0.5mL/h、卷绕收集速度 1.0r/min、喇叭筒转速 200r/min）及环境条件下，使抗菌纺丝液形成抗菌纳米纤维并包缠在聚乳酸纱线表面。这种抗菌纱线以抗菌纳米纤维为主体、聚乳酸纱线为支撑，既保留了纳米纤维高比表面积的优势，又克服了传统纳米纤维膜力学性能差的弱点，在生物医用材料领域应用前景广阔。

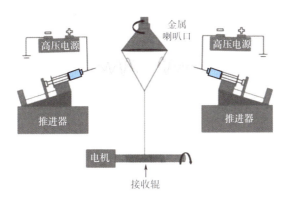

图 4-10　多针头共轭静电纺丝装置

在纺织品追求舒适、环保和多功能的趋势下，为开发具有天然抗菌效果的纱线，研究人员将聚乳酸/聚羟基丁酸羟基戊酸共聚酯共混长丝（PLA/PHBV 长丝）与聚乳酸纤维复合，制备出一种生物质抗菌复合纱（图 4-11）。PLA/PHBV 长丝中的 PHBV 具有生物可降解性和良好生物相容性，二者结合的长丝为复合纱提供了更多优势。该复合纱在细纱工序将聚乳酸粗纱与 PLA/PHBV 长丝复合，如图 4-12 所示，该长丝复合纱具有明显的优势。一方面，凭借纤维固有特性实现抗菌，可以减少或消除抗菌"后整理"的环节，实现低碳环保的社会价值导向；另一方面，长丝与短纤复合，长丝包缠双须条，可有效提升纱线综合性能，尤其是断裂强力，而短纤则保留了织物所需的服用性能。在生产过程中，各工序参数是决定纱线质量的关键因素。梳棉工序中，聚乳酸生条定量设为 21g/5m，锡林速度为 340r/min，以保证棉网质量、减少纤维损伤和短绒；并条工序遵循奇数法则，头道后区牵伸 1.8 倍左右，二道后区牵伸 1.3 倍左右，严格控制温湿度和速度，以提高纤维伸直平行度和条干均匀度；粗纱工序考虑到聚乳酸纤维特性和细纱工艺，可以将粗纱定量减小，捻系数适中，如将粗纱定量为 4.2g/10m，捻系数设为 73.8；细纱工序采用窄槽式负压空心罗拉集聚纺装置，针对针织纱需求，可以设定较小的捻度值，如设定捻度为 81.79 捻/10cm，长丝预牵伸 1.27 倍。经测试，该复合纱条干 CV 值为 10.12%，毛羽 H 值 2.56。在该参数设置下所纺纱线具有粗细节、棉结少，断裂强力高（290.74cN）的特性，可以满足针织纱织造要求。通过抗菌测试结果表明：该复合纱对大肠杆菌、金黄色葡萄球菌、白色念珠菌的抑菌率在 18h 内均超 97%，表明抗菌性能优异。

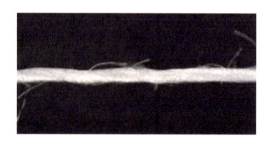

图 4-11　PLA/PHBV 长丝复合纱外观图

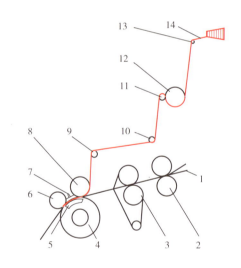

图 4-12　PLA/PHBV 长丝复合纱纺纱示意图
1—两根聚乳酸粗纱　2—后罗拉　3—中罗拉　4—前罗拉　5—吸风插件　6—阻捻胶辊
7—气流导向装置　8—前胶辊　9—导丝轮　10—送丝辊　11—导丝罗拉
12—导丝辊　13—张力盘　14—PLA/PHBV 长丝

　　此外，在羊毛纺纱技术领域，为解决精纺和粗纺羊毛纱线在针织服装制作中存在的问题，研发人员研发出一种特殊结构的防起球抗菌羊毛纱线。该纱线由精纺羊毛纱线与粗纺羊毛复合纱线捻合而成，粗纺羊毛复合纱线又包含粗纺羊毛纱线和双组分聚乳酸纱线，双组分聚乳酸纱线采用皮芯型聚乳酸纤维制备而成，其中皮层为低熔点聚乳酸，芯层为高熔点聚乳酸。这种结构设计充分发挥了各部分优势，粗纺羊毛纱保证蓬松度和保暖性，双组分聚乳酸纱线减少起毛起球并提供抑菌抗菌能力，精纺羊毛纱线不易起球且能减少面料厚度。此外，通过优化各组成部分的捻向和细度，如精纺羊毛纱线与粗纺羊毛复合纱线捻向为 S 捻，与粗纺羊毛纱线和双组分聚乳酸纱线捻向相反；粗纺羊毛纱线细度为 20~36 公支❶，精纺羊毛纱线细度为 60~80 公支，双组分聚乳酸纱线细度为 40~60 公支，该羊毛纱线克服了精纺和粗纺羊毛纱线的缺点，制成的服装轻薄时尚、蓬松保暖，抗起球性能达到 3 级以上，同时还具备良好抗菌抑菌能力。

（2）神经导管复合纱

神经导管作为引导神经组织再生的关键生物支架，在临床医学中具有重要应用价值。其作为管状生物活性材料，需满足以下特性：优异的生物相容性、可控的生物降解性、三维多孔结构和优异的机械性能。壳聚糖作为一种天然生物材料，因其良好的生物相容性、可降解性以及抗菌、止血等生物学特性而备受关注。然而，其纤维力学性能（包括强力和抱合力）的不足严重限制了其在神经导管等高端医用纺织品领域的应用拓展。为解决这一问题，研究人员采用环锭纺纱法，以聚乳酸生物可降解长丝作为芯纱、壳聚糖短纤作为外包纤维，成功制备了壳聚糖/聚乳酸长丝（CS/PLA）包芯纱，如图 4-13 所示。随后，又通过编织的方法，利用这种包芯纱制备出神经导管支架材料。经过一系列的实验测试与分析发现，孔径分别为 2.5mm 和 3.5mm 的导管在体外降解和力学性能方面表现均

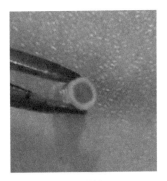

（a）纵向　　　　　　　　　　　（b）横截面

图 4-13　CS/PLA 包芯纱编织型神经导管

---

❶　1 公支 = 1000tex。

较好。其中，孔径 2.5mm 的导管孔隙率为 81.25%，优于孔径为 3.5mm 的导管。理论来说，较低的孔隙率更有利于为神经细胞生长提供充足的氧气通透量，所以孔径 2.5mm 的导管在促进神经细胞再生方面更具优势。具体来看，孔径为 2.5mm 的单层编织神经导管实际密度为 1.36g/cm³，断裂强力达 122.9N，体外降解 10 天后失重率为 4.76%，这些性能参数表明它能较好地满足神经导管的实际应用需求。

4.3.2.2 智能可穿戴聚乳酸复合纱

在柔性电子技术快速发展的背景下，可穿戴电子设备（如智能终端、智能服饰等）的广泛应用催生了对能源供给技术的迫切需求。其中，基于摩擦纳米发电机（TENG）的织物电子器件因其独特的能量转换机制，在生物机械能收集和自供电传感领域展现出显著优势。

研究表明，以聚乳酸为原料，采用 N,N-二甲基甲酰胺（DMF）与丙酮（质量比 3:2）的混合溶剂体系，可制备质量分数为 18% 的均质纺丝溶液。随后，采用对称共轭纺丝技术制备聚乳酸纳米纤维包缠纱，实验参数经系统优化分别为：施加±9kV 电压以构建稳定电场，正负喷嘴间距设定为 18cm，推进流速恒定为 0.02mL/h。在收集过程中，缠绕辊与收集辊转速分别设置为 300r/min 和 0.5r/min，成功实现了聚乳酸纳米纤维在柔性导电芯纱上的均匀包覆，最终获得性能优异、结构完整的聚乳酸纳米纤维包缠纱（图 4-14）。在力学性能方面，纳米纤维的加捻起到了关键作用，使得纱线的拉伸强度得到了大幅提升，其断裂强度高达 2400MPa，表明该纱线在承受外力时具有更强的抗断裂能力，能够更好地

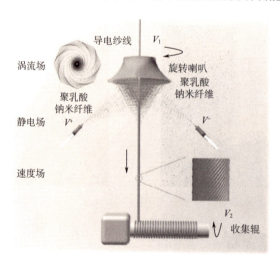

图 4-14　聚乳酸纳米纤维包缠纱制备过程示意图

适应各种复杂的使用环境。在电学输出性能方面，该能源纱线同样表现出色，当 10cm 长的能源纱与普通织物进行接触分离时（施加 5N 的力，频率为 2Hz），能够产生 64V 的开路电压、0.9μA 的短路电流以及 24nC 的电荷量，出色的电学性能为其在可穿戴能源领域的实际应用提供了有力支持。

4.3.2.3　阻燃防护聚乳酸复合纱

防火隔热纱线在高层防火、消防救援等关键领域至关重要。在高层防火中，它是保障建筑安全、阻止火灾蔓延的关键防线；在消防救援领域，其性能直接关乎救援人员生命安全与救援工作成效。玄武岩纤维以其低成本、可降解性和优异的阻燃性能成为新型防火纱线的理想材料。然而，其固有的硬脆特性导致纺纱过程中易出现断裂、捻缩及毛刺等问题，严重制约了其实际应用。目前主要采用包芯纺纱技术（如阻燃粘胶包覆）改善其可纺性，但难以解决纤维刚度引起的扭矩失衡问题，导致产品弹性不足。此外，环锭纺—摩擦纺正反加捻技术和多组分纤维逆向扭矩纺纱技术虽能减少纤维外露、改善服用性能，却在隔热和阻燃性能提升方面存在局限性。

余等人创新性地开发了一种生物可降解芯鞘中空结构防火阻燃纱线及其制备方法。该方法通过以下工艺实现：首先将刚性纤维长丝与可溶性维纶长丝并捻制备无损芯纱，随后采用可溶性维纶短纤维包覆并外缠聚乳酸长丝形成无捻纱线，再经双向包缠工艺制成复合纱线，最终通过温水溶解除去维纶组分获得芯鞘中空结构。所得纱线以刚性纤维与聚乳酸长丝并捻为芯层，聚乳酸纱线包缠纱为鞘层，有效改善了玄武岩纤维刚性大的缺陷，同时兼具优异的阻燃性、隔热性和服用性能。该纱线不仅可广泛应用于防护救援产品领域，还具备绿色环保特性，为防火隔热材料提供了创新性的解决方案。

4.4　聚乳酸长丝纱

4.4.1　聚乳酸长丝纱制备工艺

聚乳酸长丝可以通过并捻和热定形工艺制备聚乳酸长丝纱。并捻工艺是将多根聚乳酸长丝合并加捻，使丝束紧密结合，提高纱线的集束性和耐磨性。捻度是并捻工艺的关键参数，聚乳酸并捻长丝纱的断裂强度随捻度增加而降低，断裂伸长率则增大。这是因为加捻使长丝倾斜，单丝拉力分解，导致纱线断裂强力下降，但捻缩使纱线伸长率增加，如图 4-15 所示。

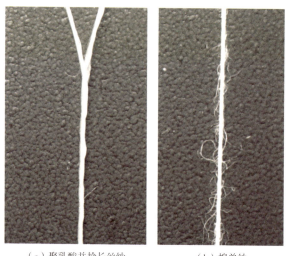

（a）聚乳酸并捻长丝纱　　　　　（b）棉单纱

图 4-15　纱线外观结构对比

综合考虑耐磨性和强力，一般选择 300 捻/m 的捻度较为合适。热定形工艺是将并捻后的纱线在一定温度和时间下进行处理，使捻度稳定，以改善纱线的尺寸稳定性。聚乳酸长丝在高温下易水解，因此热定形通常采用干热定形方式。研究表明，热定形温度和时间对纱线的捻度稳定度有显著影响。温度升高，分子链振动加剧，分子动能增加，长丝无定形区分子重新排列，捻度稳定度增大。但当捻度稳定度大于 60% 时，属于捻度定形过度，不利于织造。综合考虑，最佳热定形温度为 80℃，时间为 1h。

4.4.2　聚乳酸长丝纱生产技术要点

（1）力学性能

聚乳酸长丝纱的力学性能受多种因素影响，包括原料特性、生产工艺参数等。从拉伸性能来看，聚乳酸长丝纱的断裂强度和断裂伸长率在不同工艺条件下有所差异。聚乳酸并捻长丝纱相对原丝束，断裂强度有所降低，断裂伸长率增大。通过调整熔体纺丝和拉伸工艺参数，可以改变聚乳酸长丝纱的断裂强度和伸长率。较高的拉伸比和适宜的温度条件能够提高长丝纱的结晶度和取向度，从而提高其断裂强度。但如果工艺参数不当，如温度过高易导致聚合物降解，会使长丝纱的强度下降。

（2）吸湿与导湿性能

聚乳酸长丝纱的吸湿与导湿性能影响其穿着舒适性。普通聚乳酸长丝纱的吸湿性能相对较低，但通过改变纤维的横截面形状可以显著改善其吸湿与导湿性能。与圆形横截面的长丝相比，具有"+"形和"Y"形横截面的聚乳酸长丝的垂直芯吸高度更高，织物的吸湿和快干性能更好。这是因为非圆形横截面增加了纤维间的空隙，形成了更多的毛细管通道，有利于液体的传输。在实际应用中，这种改进使聚乳酸长丝纱在运动服装等对吸湿导湿性能要求较高的领域有了更广阔的应用前景。

（3）热性能

聚乳酸长丝纱具有特定的热性能，其玻璃化转变温度（T_g）一般在 $55\sim60℃$，结晶熔融温度（T_m）在 $165\sim180℃$。加工过程中的温度条件对聚乳酸长丝纱的热性能和结晶度有重要影响，较高的加工温度可能导致聚乳酸的热降解，影响其结晶结构和性能稳定性。在热定形工艺中，选择合适的温度（如 $80℃$）可以使纱线的捻度稳定，同时避免因温度过高引起的降解和性能变化。这种热性能特点决定了聚乳酸长丝纱在加工和使用过程中需要控制温度条件，以保证其性能的稳定性。

4.5　聚乳酸股线

股线是由两根或两根以上的单纱合并加捻制成，其强力、耐磨性优于单纱，同时，股线还可按一定方式进行合并加捻，得到复捻股线。这种纱线结合了不同纤维材料的优点，既具有长丝的强度和光泽，又具有短纤纱的柔软性和吸湿性，从而在性能上实现互补，满足特定的纺织应用需求。例如，聚乳酸纤维吸湿性差，无法单独实现面料吸湿排汗的性能要求，而亚麻/粘胶混纺单纱兼有亚麻纤维吸湿散湿快的优点和粘胶纤维优良的吸湿舒适性，因而将聚乳酸纤维长丝与亚麻/粘胶单纱并合加捻，能够综合三种纤维材料的优良性能，拓宽其应用领域。以聚乳酸长丝与亚麻/粘胶单纱制备股线为例，可采用 DSTW-01 型数字式并捻联合机将聚乳酸长丝与亚麻/粘胶单纱进行并合加捻。捻系数对聚乳酸长丝与亚麻/粘胶单纱并捻纱的影响规律与短纤纱一致，即并捻纱也存在着临界捻系数，并捻纱的断裂强力随着捻系数的增大先增大后减小。钢丝圈号数对并捻纱的断裂强力也有较大影响，当聚乳酸长丝不加张力，亚麻/粘胶单纱经过两个张力片时，可形成以单纱为纱芯、聚乳酸长丝在外层螺旋包覆的理想纱线结构。

4.5.1 聚乳酸股线制备工艺

聚乳酸股线的生产过程主要包括并捻和热定形两个步骤。

（1）并捻工艺

并捻是将两束或多束聚乳酸长丝通过并捻机并合加捻成股线的过程。聚乳酸长丝本身只有极小的捻度（200 捻/m 以下），丝束十分松散且不耐磨，因此需要通过并捻来达到织物加工的要求。并捻过程中，捻度的选择对股线的性能有显著影响。实验表明，捻度在 300~500 捻/m 时，股线的断裂强度和断裂伸长率会发生变化。具体来说，随着捻度的增加，股线的断裂强度会逐渐提高，这是因为捻度的增加使丝束之间的抱合力增强，从而提高了整体的抗拉性能。然而，当捻度超过一定范围时，断裂伸长率会有所下降，这是因为过高的捻度会导致丝束内部的应力集中，从而降低了其延展性。因此，在实际生产中，需要根据具体的织物加工要求，选择合适的捻度范围，以平衡股线的断裂强度和断裂伸长率，从而获得最佳的织物性能。

（2）热定形工艺

热定形是利用纤维具有的松弛特性和应力迟缓过程，将纤维的急弹性变形转化为缓弹性变形，从而稳定捻度的过程。聚乳酸长丝在高温下易水解，因此不适合采用高温蒸汽直接接触纱线的方法进行定形。实验一般采用干热定形的方式，使高温蒸汽进入热定形箱的外筒和内筒的加热器，使待定形的纱线只得到热量而不与水分接触，防止水解。

4.5.2 聚乳酸股线生产技术要点

（1）捻度对性能的影响

随着捻度的增加，股线的断裂强度逐渐降低，断裂伸长率升高。这是因为加捻后，组成纱线的长丝会倾斜，与纱轴向呈现一定夹角，导致轴向最大拉力减小。同时，加捻后的长丝纱会发生捻缩，从而增加了纱线的伸长率。实验结果表明，捻度为 300 捻/m 时，股线的耐磨性和强力达到最佳平衡，有利于后续织造工序的进行。

（2）捻向对性能的影响

股线为 ZS（单纱 Z 捻，股纱 S 捻；股线捻向与单纱异捻）时，纱线结构稳定，手感柔软，光泽较好；股线为 ZZ（单纱 Z 捻，股纱 Z 捻；股线捻向与单纱同捻）时，纱线结构不太稳定，易扭结，手感粗硬，光泽较差。

（3）热定形温度和时间对性能的影响

热定形的温度和时间是关键参数。热定形温度必须控制在聚乳酸纤维的玻璃化温度之上、软化点温度之下，时间尽可能短，以避免原料周转期过长和能源浪费。实验设计了不同热定形温度和时间的正交试验，结果表明，热定形温度为85℃、热定形时间为3h，捻度稳定度达到72.4%，为最佳定形条件。

4.6　新型聚乳酸纱线

近年来，聚乳酸纤维纱线凭借其独特的环保属性和优良的物理性能，在中国纱线流行趋势中崭露头角，成为纺织行业创新与可持续发展的代表。多款聚乳酸纤维纱线产品入围中国纱线流行趋势推荐产品名单，展现了其在不同应用场景下的广泛潜力和市场价值。

从产品特点来看，聚乳酸纤维纱线的核心优势在于其生物基来源和可降解性，这使其在环保方面具有显著优势，契合了当下全球对可持续发展的关注和需求（表4-17）。例如，安徽华茂纺织股份有限公司的"聚乳酸棉混纺纱线"和江苏悦达棉纺有限公司的"聚乳酸/精梳棉 60/40　40 英支"，均强调了聚乳酸纤维的生物基、可降解和天然抑菌特性，不仅减少了对环境的负担，还赋予了纺织品健康、亲肤的功能。

表 4-17　部分入围中国纱线流行趋势聚乳酸纱线产品特点对比

企业/产品	纱线规格	工艺/性能亮点	核心应用
绍兴迈宝科技有限公司/聚乳酸高支纯纺	100%聚乳酸（21~120 英支）	赛络紧密纺技术实现高支纱稳定生产	高端服装、轻薄面料
德州彩诗禾纺织有限公司/聚乳酸多组分混纺	蚕蛹蛋白/腈纶/聚乳酸/羊绒（30/25/15/10）（63 英支）	解决纤维混合均匀难题，融合天然功能性	医疗用品、高端内衣
山东超越纺织有限公司/聚乳酸多组分混纺纱	粘胶/棉/聚乳酸/蚕丝（45/30/19/6）（40 英支）		高端针织内衣、家纺装饰

企业/产品	纱线规格	工艺/性能亮点	核心应用
沛县新丝路纺织有限公司（聚乳酸色纺）	赛络紧密纺 粘胶/聚乳酸/精梳棉 50/30/20（40英支）	通过对纺纱工序进行重构、对梳理设备进行改造，纤维混合均匀度得到大幅提升，通过优化各工艺配置，实现聚乳酸色纺纱线的生产，产品更天然、环保、可降解	高端针织内衣
安徽华茂纺织股份有限公司	赛络紧密纺 棉/聚乳酸 65/35（40英支）	该纱线产品更天然、环保、可降解，开发聚乳酸系列纱线，通过工艺参数的优化配置，实现高品质纱线生产	满足机织与针织面料高端用纱需求
江苏悦达棉纺有限公司	喷气涡流纺聚乳酸/精梳棉 50/50（30英支）	聚乳酸纤维独特的芯吸效应与喷气涡流纺纱特点完美契合，产品具有极佳的吸湿快干性能	针织服装
南通双弘纺织有限公司	精梳棉/聚乳酸 60/40（40英支）	手感柔软，强度高、毛羽少、条干均匀度好	高档T恤、运动装、衬衫等服装

　　在纱线规格和生产工艺方面，入围产品展现了多样性和创新性。纤维组合多样化成为一大亮点。早期企业以聚乳酸纯纺或两组分混纺（聚乳酸/棉）为主，如南通双弘的"精梳棉聚乳酸纤维混纺纱40英支"；近两年入围的聚乳酸纱线产品中多组分混纺纱（4~5种纤维）较多，通过将聚乳酸纤维与粘胶、腈纶、蚕丝等不同纤维混合，充分发挥各纤维的优势，开发出兼具多种优良性能的纱线，如德州彩诗禾的"蚕蛹蛋白/腈纶/聚乳酸/羊绒/丝光防缩毛条（30/25/20/15/10）（63英支）"、山东超越纺织的"赛络紧密纺聚乳酸多组分混纺纱［粘胶/棉/聚乳酸/蚕丝（45/30/19/6）40英支］"，不仅提升了纱线的功能性，还拓宽了其应用领域。值得一提的是，聚乳酸纱线产品的支数范围扩大，从常规支数（40英支）向高支纱（120英支）延伸，满足高端面料需求。

　　从纺纱技术角度看，通过对纺纱专件、工艺流程及参数的优选，以及赛络紧密纺、喷气涡流纺等新型纺纱形式的探索和实践，不仅降低了聚乳酸纤维的纤维损伤、提高了纱线的强度和均匀度，还赋予了产品细腻的触感和良好的光泽。此外，聚乳酸色纺纱产品表现良好，通过工序重构（如沛县新丝路纺织的聚乳酸混纺色纺纱）降低纤维损耗，实现环保染色，减少后整理污染。

从应用场景来看，聚乳酸纤维纱线的应用范围广泛，涵盖了服装、家纺和产业用等多个领域。在服装领域，聚乳酸纤维纱线被用于制作内衣、衬衫、T 恤、运动装等，其柔软、亲肤、吸湿透气的特性能够满足消费者对舒适穿着的需求；在家纺领域，聚乳酸纤维的可降解性和环保性使其成为制作床单、被罩、窗帘等产品的理想选择；在产业用领域，聚乳酸纤维的抑菌性能使其在卫生用品和医疗行业具有广阔的应用前景。

总体而言，聚乳酸纤维纱线产品开发不仅体现了纺织行业对环保和可持续发展的追求，也展示了企业在技术创新和产品开发方面的努力。随着消费者环保意识的不断提高和市场需求的日益多样化，聚乳酸纤维纱线有望在未来继续引领行业潮流，推动纺织产业向绿色、智能、高性能的方向发展。

第5章 聚乳酸的针织技术

5.1 聚乳酸针织布用纱要求

用于针织工艺的纱线种类丰富，包括天然纤维、化学纤维（涤纶、锦纶等）以及高性能纤维。原料组分包括仅含一种纤维的纯纺纱或两种及两种以上纤维的混纺纱、并捻纱线。聚乳酸纤维在针织领域具有显著优势，是当前及未来开发重点。目前聚乳酸针织布用纱主要为聚乳酸长丝及与天丝（Tencel）、粘胶等纤维的混纺纱。在形成针织物的过程中，纱线要受到复杂的机械作用，如拉伸、弯曲、扭转、摩擦等。另外，由于聚乳酸纤维具有生物降解性、低熔点（约160℃）及对温湿度敏感等特性，因此，聚乳酸针织布用纱需满足以下要求。

①强度、延伸度。纱线强度是针织用纱的重要品质指标。在针织准备和织造过程中，纱线不断受到张力、载荷、扭转和弯曲作用，因此，纱线不仅要具有一定强度，还须具备一定延伸性，以平衡聚乳酸的脆性，确保纱线弯曲成圈并减少断头。

②柔软性。针织纱柔软性的要求比机织纱要高。因为柔软的纱线更容易弯曲和扭转，使针织物中的线圈结构均匀、外观清晰美观，同时减少织造过程中纱线的断头和对成圈机件的损伤。

③条干均匀性。纱线条干的均匀性即纱线线密度均匀性，是针织纱的重要品质指标。条干均匀的纱线有利于针织加工并保证产品质量，使线圈结构均匀，布面清晰。

④捻度。一般来说，聚乳酸针织用纱的捻度比机织纱要低。若捻度过高，会降低纱线柔软性，增加织疵风险，使织针受损，还会影响针织物的弹性，并使线圈产生歪斜。但是，捻度过低易导致断头与起毛起球，进而降低针织物的服用性能。因此，正确地选择捻度是合理选用纱线的一项重要途径。可根据用途调整纱线捻度，如起绒针织物用纱捻度要求小，且捻度大小随线密度而异，需根据生产实际情况灵活调整。

⑤吸湿性。针织用纱应具有一定吸湿性。在同样相对湿度条件下，吸湿性好的纱线，更有利于纱线捻回的稳定性和延伸性的提高，进而具备良好的织造

73

性能。

表 5-1 展示了某些品种聚乳酸纱线的具体规格，如不同品种、聚乳酸含量的纱线重量 CV、重量偏差、回潮率、条干 CV 值等多项指标上的差异，与前文所述的聚乳酸针织布用纱的各项要求相互关联，为实际生产者根据产品需求合理组合原料，确保纱线在针织过程中的稳定性与成衣后的服用性能。

表 5-1　不同品种聚乳酸纱线规格

指标		聚乳酸纤维 60%/莫代尔 40%（40 英支）赛紧纺	聚乳酸纤维 60%/棉 40%（32 英支）赛紧纺	聚乳酸纤维 50%/棉 50%（20 英支）赛紧纺
重量 CV/%		1.3	1.0	1.5
重量偏差/%		0.1	0.8	0.4
指标	回潮率/%	4.4	4.2	3.3
	条干 CV/%	10.96	10.57	11.18
	CV_b	1.7	2.3	2.5
	千米细节-40%/个	11	8	7
	千米细节-50%/个	0	1	0
	千米粗节+35%/个	64	67	161
	千米粗节+50%/个	6	4	9
	千米棉结+140%/个	60	23	28
	千米棉结+200%/个	16	6	3
	毛羽指数 H/(mm/cm)	3.95	4.47	5.21
	平均捻度/(捻/m)	88.7	78.1	62.2
	捻度 CV/%	4.1	5.1	4.1
	捻系数	342	336	338
	试验强力/N	238	257.0	346
	伸长率/%	11.89	11.34	8.35
	单强 CV/%	6.5	8.4	7.5
	最小强力/N	206	210	302
	3mm 毛羽/(根/m)	1.89	2.44	5.95

注　CV_b 为管纱间变异系数；H 为纱线毛羽指数。

针织包括纬编和经编两种生产方式。纬编是将一根或数根纱线由纬向喂入针织机的工作针上，使纱线顺序地弯曲成圈，且加以串套形成纬编针织物的方式。经编是将一组或几组平行排列的纱线分别排列在织针上，同时沿纵向编织形成经编针织物的方式。

5.2 纬编针织技术

5.2.1 纬编针织前准备

5.2.1.1 络纱

络纱是纬编针织前准备工序之一。进入针织厂的纱线通常有绞纱、筒子纱两种卷装形式。绞纱需要先卷绕在筒管上形成筒子纱才能上机编织，而筒子纱一般可以直接上机编织，但是其质量、性能、卷装无法满足编织工艺时需要重新卷绕后才能上机使用，这一工艺过程称为络纱。

络纱有三个目的：一是使纱线卷绕成一定形式和一定容量的卷装，以满足编织时纱线退绕的要求；二是清除纱线上的各种杂质和疵点，以提高针织机的生产效率并改善产品质量；三是对纱线进行辅助处理，如上蜡、上油、上柔软剂、上抗静电剂，以改善纱线的编织性能。

①在络纱过程中，应尽量保持纱线原有的力学性能，如强力、弹性、延伸性等。

②络纱张力要均匀适度，以保持恒定的卷绕条件，形成良好的筒子结构。

③络纱的卷装应便于存储和运输，并要适应编织过程中纱线的退绕和退绕时纱线张力的大小。

④考虑卷装容量，大卷装可以减少针织生产时换筒的次数，既能减轻工人的劳动强度，又可提高机器的生产率。

5.2.1.2 络纱机工作原理

络纱机种类较多，使用较多的是槽筒式络纱机和菠萝锭络丝机。前者用于短纤纱的络纱，后者用于络取长丝。本小节以聚乳酸长丝在菠萝锭络丝机为例介绍络纱工作原理。该机可将绞丝或筒子丝交叉卷绕成三截头圆锥形筒子。这种机器上的锭子是主动回转，导纱机构与筒子表面没有接触，故络丝时筒子表面的丝层不受损伤，且易退绕。

菠萝锭络丝机结构如图 5-1 所示。其工作基本原理为：长丝从丝框 1（或筒纱）引出，依次经过导丝钩 2、垫圈式张力装置 3、一对主动回转的张力辊 4、导丝钩 5、导杆 6、给乳辊 7、导丝孔 8，再穿过梳形张力装置 9、导杆 10、断头自停摇杆 11、刀口式清纱器 12，最后卷绕到圆锥形筒子 14 上。机器上装有一套锭子变速装置，可使筒子的回转角速度随着筒子卷绕直径的增大而降低，从而使筒子表面线速度即卷取速度恒定。

在上机络纱或络丝时，应根据原料的种类与性能、纱线细度、筒子硬度等方面的要求，调整络纱速度、张力装置的张力大小、清纱装置的刀门隔距、上蜡上油的蜡块或乳化油成分等工艺参数，控制卷装容量，以生产质量合乎要求的筒子。

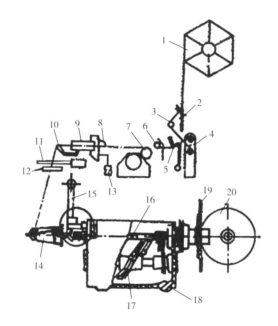

图 5-1　菠萝锭络丝机结构

1—丝框（或筒纱）　2，5—导丝钩　3—垫圈式张力装置　4—张力辊　6，10—导杆　7—给乳辊
8—导丝孔　9—梳形张力装置　11—断头自停摇杆　12—刀口式清纱器　13—张力器
14—圆锥形筒子　15—导纱器　16—锭子　17—筒子架　18—机座　19，20—摩擦圆盘

5.2.2　纬编组织结构

5.2.2.1　平针组织的结构特点与应用

纬平针组织是单面纬编针织物中的基本组织，其正反面结构如图 5-2 所示。由于线圈在配置上的定向性，织物在两面呈现不同的几何形态。织物反面较暗淡，正面较为光洁。

（a）正面线圈 　　　　　　　　　（b）反面线圈

（c）正面实物图 　　　　　　　　（d）反面实物图

图 5-2　纬平针组织正反面结构

平针组织主要用于内衣、袜品、毛衫，平针组织常见的问题及解决方法如下：

（1）线圈歪斜

线圈歪斜是由于纱线捻度不稳定导致退捻引起的现象，进而影响织物的稀密程度。因此，采用低捻且稳定的纱线，两根相反捻向的纱线，增加机上针织物的密度，均可减小线圈歪斜。

（2）卷边性

卷边性是指织物边缘弯曲纱线弹性变形消失引起平针组织的卷边现象。其卷边性随着纱线弹性和纱线细度的增大、线圈长度的减小而增加。卷边性不利于裁剪缝纫成衣的加工，优选纱线和编织工艺参数以及定形处理可减小卷边性。

（3）脱散性

平针组织的脱散性存在两种情况：一是纱线无断裂，抽拉织物边缘的纱线可使整个边缘横列线圈脱散，这实际是编织的逆过程，且线圈并可顺编织方向（从下方横列往上方横列）和逆编织方向（从上方横列往下方横列）脱散，因此在制作成衣时需要缝边或拷边；二是织物中某处纱线断裂，线圈沿着纵行从断纱处分解脱散，被称为梯脱，它可使针织物使用周期缩短。丝袜某处纱线断裂所造成的脱散是典型的梯脱现象。

（4）延伸度

延伸度指针织物受外力拉伸（单向或双向）时的伸长程度。单向拉伸时，试样沿拉伸方向线性伸长，垂直方向同步收缩；双向拉伸是拉伸力作用于两个正交方向，或在单一方向拉伸时，另一方向尺寸受强制约束保持不变。

袜子穿着时同时承受纵向与横向复合拉伸载荷；针织内衣肘部因手臂屈曲同时受到横向和纵向拉伸。在生产过程中，如在圆形针织机上编织的针织物，除了受到牵拉机构产生的纵向拉伸外，还同时在撑幅器作用下受到横向拉伸时，纬平针织物在纵向和横向均具有较好的延伸度，具体伸长程度与线圈长度、纱线细度和性质等有关。

5.2.2.2 罗纹组织的结构特点与应用

罗纹组织是双面纬编针织物的基本组织，由正面线圈纵行和反面线圈纵行以一定组合相间配置而成。

图5-3为1+1罗纹组织。1+1罗纹织物的一个完全组织（最小循环单元）包含了一个正面线圈和一个反面线圈，即由纱线1—2—3—4—5组成。罗纹组织的正反面线圈不在同一平面上，因而沉降弧须前后跨接将正反面线圈相连，形成较大的弯曲与扭转。由于纱线具有弹性，沉降弧力图伸直，使以正反面线圈纵行相间配置的罗纹组织每一面上的线圈纵行相互毗连。即横向不拉伸，织物的两面只能看到正面线圈纵行；织物横向拉伸后，每一面都能看到正面线圈纵行与反面线圈纵行交替配置。

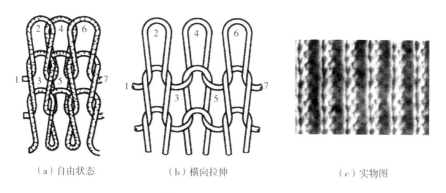

（a）自由状态　　　　（b）横向拉伸　　　　（c）实物图

图5-3　1+1罗纹组织

罗纹组织因具有较好的横向弹性与延伸度，故适宜制作内衣、毛衫、袜品等的紧身收口部段，如领口、袖口、裤脚管口、下摆、袜口等。且由于罗纹组织顺编织方向不能沿边缘横列脱散，所以上述收口部段可直接织成光边，无须再缝边或拷边。

　　罗纹织物还常用于生产贴身或紧身的弹力衫裤，特别是织物中织入或衬入氨纶等弹性纱线后，服装的贴身、弹性和延伸效果更佳。因此罗纹组织有以下特征：

　　（1）弹性

　　罗纹组织的横向弹性源于其沉降弧的形变与恢复特性。横向拉伸时，连接正反面线圈的沉降弧从近似垂直于织物平面向平行于织物平面偏转，产生显著弯曲。外力去除后，弯曲较大的沉降弧力图回复到近似垂直于织物平面的位置，从而使同一平面上的相邻线圈靠拢，实现弹性恢复。其弹性除取决于针织物的组织结构外，更与纱线的弹性、摩擦力以及针织物的密度有关。

　　高弹性纱线可增强针织物形变回复能力，因而弹性越好。纱线间摩擦力越小时，则针织物回复其原有尺寸的阻力越小，弹性越好。在一定范围内结构紧密的罗纹针织物，其纱线弯曲越大，弹性就越好。

　　综上所述，为了提高罗纹针织物的弹性，应该采用高弹性纱线并适度提高针织物的密度。

　　（2）脱散性

　　1+1罗纹组织只能在边缘横列逆编织方向脱散。其他种类如3+3罗纹、4+6罗纹等组织，除了能逆编织方向脱散外，由于相连在一起的正面或反面的同类线圈纵行与纬平针组织结构相似，故当某一线圈纱线断裂时，也会发生线圈沿着纵行从断纱处分解脱散的梯脱情况。

　　（3）卷边性

　　在正反面线圈纵行数相同的罗纹组织中，由于造成卷边的力彼此平衡，因而不发生卷边现象。在正反面线圈纵行数不同的罗纹组织中，虽有卷边现象但并不严重。

　　（4）延伸度

　　1+1罗纹组织在纵、横向均可拉伸。双反面组织是双面纬编组织的一种基本组织，由正面线圈横列和反面线圈横列相互交替配置而成。图5-4所示为最简单的1+1双反面组织结构及实物图，由正面线圈横列1—1和反面线圈横列2—2交替配置构成。由于弯曲纱线弹性力的作用，双反面组织的线圈发生倾斜，正面线圈横列1—1的针编弧向后倾斜，反面线圈横列2—2的针编弧向前倾斜，使织物两面都呈现圈弧突出在前、圈柱凹陷在内的状态。因此，当织物不受外力作用时，其正反两面看起来都像纬平针组织的反面，故而称为双反面组织。

　　在1+1双反面组织基础上，可以产生不同的结构与花色效应。如不同正反面线圈横列数的相互交替配置可以形成2+2、3+3、2+3等双反面结构。又如按照

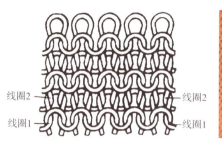

线圈2　　　　　　　　　线圈2
线圈1　　　　　　　　　线圈1

（a）1+1双反面组织结构　　　（b）1+1双反面组织结构实物图

图5-4　1+1双反面组织结构及实物图

花纹要求，在织物表面混合配置正反面线圈区域，可形成凹凸花纹。

5.2.2.3　双反面组织的结构特点与应用

双反面组织只能在双反面机，或具有双向移圈功能的双针床圆机和横机上编织。这些机器的编织机构较复杂，机号较低，生产效率也较低，所以该组织不如平针、罗纹和双罗纹组织应用广泛。双反面组织主要用于生产毛衫类产品。其具有如下几方面的特征：

（1）未充满系数

羊毛双反面织物的未充满系数一般在25~27，该数值体现了织物结构的紧密程度等特性。

（2）纵密和厚度

双反面组织由于线圈朝垂直于织物平面方向倾斜，使织物纵向缩短，因而增加了织物的厚度与纵向密度。

（3）弹性和延伸度

双反面组织在纵向拉伸时具有较大的弹性和延伸度，超过了平针、罗纹和双罗纹组织，并使织物具有纵横向延伸度相近的特点。

（4）脱散性和卷边性

与平针组织一样，双反面组织可以在边缘横列顺/逆编织方向脱散。其卷边性随着正面线圈横列和反面线圈横列的组合而不同，对于1+1和2+2这些由相同数量正反面线圈横列组合而成的双反面组织，因卷边力能相互抵消，故不会卷边。

5.2.2.4　提花组织的结构特点与应用

提花组织是将纱线垫放在按花纹要求所选择的部分织针上编织成圈，未垫放纱线的织针不成圈，纱线呈浮线状留在这些织针后面，其结构单元由线圈和浮线组成。三色不完全均匀提花组织与横条提花组织实物图如图5-5所示。

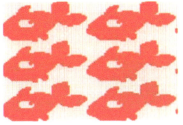

（a）三色不完全均匀　　　　　（b）正面效果　　　　　　　（c）反面效果
　　　提花组织图

图 5-5　三色不完全均匀提花组织与横条提花组织实物图

①由于提花组织中存在浮线，因此横向延伸性较小，单面提花组织的反面浮线不能太长，以免产生勾丝疵点。对于双面提花组织，因反面织针参加编织，不存在长浮线问题，即便有浮线也被夹在织物两面的线圈之间。

②提花组织的线圈纵行和横列由几根纱线形成，脱散性较小。该组织的织物较厚，平方米重量较大。

③提花组织一般几个成圈系统编织一个提花线圈横列，生产效率较低，色纱数越多，生产效率越低，实际生产中一般色纱数最多不超过六种。

④提花组织可用于服装、家纺和产业等方面。利用其易形成花纹图案及多种纱线交织的特点，服装上可用作 T 恤、女装、羊毛衫等外穿面料；家纺可用于沙发布等室内装饰；产业上可用作汽车的座椅外套等。

5.2.2.5　集圈组织的结构特点与应用

集圈组织是一种在针织物的某些线圈上，除套有一个封闭的旧线圈外，还有一个或几个未封闭悬弧的花色组织，其结构单元由线圈与悬弧组成。

如图 5-6 所示，集圈组织根据集圈针数的多少，可分为单针集圈、双针集圈和三针集圈等。在一枚针上形成的集圈称单针集圈，如图 5-6 中 a 所示，在两枚针上同时形成的集圈称双针集圈，如图 5-6 中 b 所示，在三枚针上同时形成的集圈称三针集圈，如图 5-6 中 c 所示，以此类推。根据封闭线圈上悬弧的多少又可分为单列、双列以及三列集圈等。有一个悬弧的称单列集圈，如图 5-6 中 c 所示，两个悬弧的称双列集圈，如图 5-6 中 b 所示，三个悬

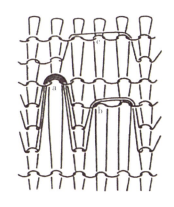

图 5-6　集圈组织结构

弧的称三列集圈，如图 5-6 中 a 所示，在一枚针上连续集圈的次数可达到 7~14 次。集圈次数越多，旧线圈承受的张力越大，因此越容易造成断纱和针钩的损坏。在命名集圈结构时，通常把集圈针数和列数连在一起，图 5-6 中集圈 a 称为单针三列集圈，集圈 b 称为双针双列集圈，集圈 c 称为三针单列集圈。

集圈组织的花色变化较多，利用集圈的排列和使用不同色彩与性能的纱线，可编织表面具有图案、闪色、孔眼以及凹凸等效应的织物，使织物具有不同的服用性能与外观。

集圈组织较平针组织不易脱散，但易勾丝。由于集圈的后面存在悬弧，其厚度较平针与罗纹组织厚，横向延伸度较平针与罗纹小。而且，悬弧的存在使织物宽度增加、长度缩短，同时集圈组织中的线圈大小不均，导致其强力较平针组织与罗纹组织小。

集圈组织在羊毛衫、T恤、吸湿快干功能性服装等方面得到广泛应用。

5.2.3　纬编织机的基本结构与特性

5.2.3.1　圆机

聚乳酸纬编针织物是以聚乳酸混纺纱为原料，用纬编圆机织造而成的针织产品。

（1）圆机工作原理

圆机是用于生产筒状针织物的设备，其工作原理是通过针筒（2~6 个针道）或针盘上（1~2 个针道）上的三角变换（成圈、集圈、浮线）和排针编织来形成织物。它可编织小花形的单面或双面纬编产品，特别是编织集圈、提花及复合组织织物。该设备既能编织轻薄产品，又能编织粗厚产品，且翻改花型方便，应用范围广。多针道圆机成圈路数多，通常为 3~4 路/英寸❶筒径，织针种类多为四种。在进行多针道圆机产品设计时，要明确圆机的机号、针筒直径、成圈路数、针道数等参数。其中，针筒直径决定坯布幅宽，机号决定所使用纱线的线密度及织物厚度，针道数决定设计花宽，成圈路数决定设计花高。

多针道圆机是指具有多条三角跑道，且采用成圈、集圈和浮线三角决定织针位置的针织圆机。单面针织大圆机具有单针道（一个跑道）、两针道（两个跑道）、三针道（三个跑道）、四针道以及六针道机型，目前在针织企业中大多使用四针道单面大圆机。该设备是利用织针和三角的有机排列组合来编织各种新型面料的。其主要机构包括织针三角、导纱器等。

---

❶　1 英寸 = 2.54cm。

（2）圆机主要构造

①织针三角。

单面多针道圆机一般使用的针筒三角是封闭式三角，通常分为成圈、集圈和浮线用三种。图 5-7 为确保封闭式三角和针的圆滑移动，在设计上尽量减少三角与针踵的空隙。如空隙大，在织针快速运转时，若针变曲点（如从织针上升运动变为下降运动时的变化点），其无效上下运动就会增大，导致织针各部位的磨损，针踵的磨损就会增大，也会导致三角轨迹的磨损。为此必须考虑三角轨的角度使针的无效移动达到最低限。安装时将套在三角座中嵌入的三角定位键上，这样左右位置可以固定。

　（a）成圈三角　　　　　　（b）集圈三角　　　　　　（c）浮线三角

图 5-7　封闭式三角

②导纱器。

单面多针道圆机使用的导纱器安装有针舌保护板，能将导纱孔挡住，防止针舌进入导纱孔，使调整导纱器的位置变得简便，还能防止由于导纱器位置调整误差导致针舌被损坏。为使纱线从导纱口顺利通过，导纱孔斜开，可减少纱线通过时的摩擦。

（3）上机质量控制

①针盘高度。

针盘高度（筒口距、盖高）是指针盘针的针背与针筒筒口线之间的距离，其高度随着针距（机号）、原料和组织结构的不同而变化。

②弯纱深度。

弯纱深度是编织时的重要工艺参数，需根据针织物品种进行调节，调节不当会影响产品质量。随着弯纱深度增加，织物线圈长度增大，密度、克重下降，幅宽增加，横向缩率先下降后趋于稳定，直向缩率开始上升较慢，随后加快。

③给纱张力。

给纱张力是直接影响圆机织物质量的重要上机参数，因此必须对张力的合理性和均匀性引起足够的重视。对于不同的圆机，编织不同的花色品种，给纱张力的要求各不相同。

④牵拉卷曲张力。

牵拉卷取张力直接影响编织时的成圈及编织顺利进行，不同圆机编织不同花色品种时，对牵拉卷取张力的要求各异。因此，要根据不同的织物品种进行调节，以不冒布、不拉出破洞为原则。

牵拉卷取张力大小的调节与编织过程中牵拉卷取张力的均匀性取决于牵拉卷取的机构和形式，加装扩布架后可以明显改善线圈横列的弯曲和倾斜现象。老式的圆纬机上扩布架（俗称羊角）是椭圆形的，针织物经过一对牵拉辊压扁成双层，再进行牵拉和卷取，线圈纵行之间所受张力不同，造成针织物在圆周方向上的密度不匀，出现线圈横列呈弓形的弯曲现象，严重影响产品质量。新型的方形扩布架可以使针筒上每一根织针所受到的牵拉力相同，从而使织物的弯曲和倾斜程度大幅减小，改善效果十分明显。

（4）圆机实例

设备机型：UP372 型双面大圆机、机号 24 针/25.4mm、筒径 762mm（30″）、转速 26r/min、针数 2268 枚。喂入原料 A：精梳棉纱 30 英支，喂入原料 B：聚乳酸纤维纱线 56D/48f。织物规格：横密 113 纵行/5cm，102 横列/5cm，幅宽 183cm，织物克重 143g/m^2，下机幅宽 99.5cm，下机克重 121g/m^2。结合聚乳酸纤维的性能，设计一种内层结构（聚乳酸纱线通过在下针的集圈悬弧实现网眼效果）直接接触人体皮肤，外层结构（棉纱满针线圈）用于吸湿排汗的针织物，具有良好导湿性能，可作为夏季贴身服装面料。

5.2.3.2 横机

（1）工作特点

横机的针床呈平板状，一般具有前后两个针床，均采用舌针；针床宽度在 500~2500mm，机号为 E2~E18。横机主要用来编织毛衫衣片、全成形毛衫、手套以及衣领、下摆和门襟等服饰附件。与圆纬机相比，横机具有组织结构变化多、翻改品种方便、可编织半成形和全成形产品以减少裁剪造成的原料损耗等优点，但也存在成圈系统较少（一般 1~4 路）、生产效率较低、机号相对较低和可加工的纱线较粗等不足。横机的机头最高线速度一般在 0.6~1.2m/min。

一般而言，横机的主要特点是：

①能够编织半成形和全成形产品，生产各种款式新颖别致的羊毛衫，如各式衫、裤、裙等，还可以生产帽、手套、围巾、披肩等。除能编织成形衣片外，还能织制管状织物及其他要求的织物。

②在编织羊毛衫的过程中，当产生疵点时，可以随时在机上消除疵点，或根

据织物的脱散性将织物的疵点部分拆掉，重新编织而得到完好的衣片。采用横机编织原料损耗较少，特别适合编织纱线成本价格较高的羊毛衫。

③横机机构简单、实用，编织技术容易掌握，保养维修和改变品种方便。

④横机成圈系统数少，生产效率较圆机生产低。

（2）横机主要机构及特点

以电脑横机为例。

①控制机构及特点。

电脑横机与手动横机、机械式自动横机最主要的区别就是采用了计算机辅助设计系统，并增加了应用计算机技术和电子技术的控制机构。计算机辅助设计系统编制的电脑横机上机工艺，通过电脑控制机构向各执行元件发出动作信息，驱动有关机件实现与编织有关的动作。该系统的主要功能是进行电脑横机上机工艺的输入和显示、电脑横机上机工艺的存储和控制以及信号的反馈等。

电脑横机计算机辅助设计系统的应用，进一步提高了机器的自动化程度，方便花形变换、尺寸改变、易于控制产品质量等，大幅提高了成形编织的生产效率。

②传动机构及特点。

横机机头中的弯纱三角运动由密度步进电动机传动。后针床的横移运动由移床步进电动机传动。主罗拉辊的运动由直流电动机传动。每个电动机都受电脑控制系统的控制。

传动机构可确保织物密度、牵拉速度调节和针床横移的准确度，实现高效率、高质量、多品种的全成形编织。

③给纱机构与换梭机构及其特点。

电脑横机上的给纱是指纱线从筒子上退绕，经过导纱孔、纱线控制设备、张力器、纱线张力盘、纱线转向杆，以及在导轨上运行的导纱器，进入编织机构的过程；完成这个过程的装置称为给纱机构。给纱机构主要作用是检测出纱线疵点、断纱自停以及控制喂纱张力，将纱线按织造工艺要求送到电脑横机编织区域进行成圈、编成织物。它直接影响织物外观质量、机器生产效率等。

电脑横机编织成形产品时，需根据编织部位或色彩要求适时变换导纱器。导纱器的变换由控制机构控制机头上的换梭机构完成，其特点是可以根据编织需要随时使任一导纱器进入或退出工作，而且可以停在任何位置，以适应编织宽度的变化。

④编织和选针机构及其特点。

编织和选针机构主要由针床和机头组成。在电脑横机针床的工作幅宽内的针槽里，从上到下插有织针（舌针）、底脚针、推片、选针片，并在针床上配置了沉降片。电脑横机机头分单系统、双系统、四系统机头，现在最多可有八个成圈系统。机头内的成圈系统是由选针器和各种三角组成，包括对应织针、底脚针、推片等的导向三角（人字三角、压针三角）、起针三角、弯纱（成圈）三角。移圈起针三角、接圈三角、导向（眉毛）三角、导针板、推片压下三角、集圈压块、接圈压块、不编织压块等。

电脑横机的成圈系统设计巧妙、精度高，这使横机编织更准确，运行噪声更小，机器损耗也更低。

⑤针床横移机构及特点。

电脑横机的针床横移机构用于满足各种组织编织和编织结构变化的需求，通过移动后针床，改变前后针床相对位置，使织针对应关系发生改变。电脑横机的针床横移机构是由计算机程序控制，通过步进电动机来实现的。一般针床横移是在机头静止时进行，有的横机在机头运行时也可以进行横移。针床横移距离在50.8（2英寸）~101.6mm（4英寸），最大可达101.6mm（4英寸）。该机构由程序控制自动进行，可实现整针距横移、半针距横移和1/4针距横移等操作。

⑥牵拉机构及特点。

电脑横机牵拉机构的作用是将形成的针织物以一定的张力从成圈区域中牵引出来，以利于新线圈的形成。电脑横机的牵拉机构主要由主牵拉辊、辅助牵拉辊组成，其特点是根据所编织组织的结构和幅宽等工艺要求，通过计算机程序控制牵拉电动机的转动速度，改变牵拉力的大小，保证机器的正常连续生产，获得具有均匀线圈结构和良好质量的针织物。

（3）横机实例

将导湿性能较好的聚乳酸长丝与吸湿性良好的棉纱按照一定比例进行合股，利用电脑横机进行织造，得到7种不同含量（聚乳酸/棉：100/0、80/20、65/35、50/50、35/65、20/80、0/100）的纬平针针织面料。经芯吸效应测试、透湿率测试得出：当聚乳酸/棉含量在35/65、50/50、65/35时，织物导湿性能良好、穿着舒适。

5.3　经编针织技术

5.3.1　经编针织前准备

整经是经编生产的准备工序。将纱线按照编织工艺所需的根数、长度，以一定的张力均匀地卷绕到经轴上，以供经编机使用，这一工序称为整经。整经质量的高低对经编产品的影响很大，实践证明，经编中的疵点，80%是由整经环节的问题引起的。

5.3.1.1　整经分类

常用的整经方法有三种：分段整经、轴经整经和分条整经。

（1）分段整经

分段整经是将一把梳栉上的全部纱线，分成几份卷绕到经轴的几个盘头（即分段经轴）上，再由整经机将各份经纱分别卷绕到各个分段经轴上，最后将几个分段经轴共同组装成经编机上的一个经轴。该方法生产效率高，运输和操作方便，比较经济，能适应多种原料纱线的要求，是目前使用最广泛的方法。分段整经机结构如图 5-8 所示。

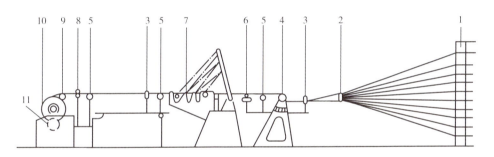

图 5-8　分段整经机结构

1—纱架　2—集丝板　3—分经筘　4—张力罗拉　5—静电消除器　6—加油器
7—储纱装置　8—伸缩筘　9—导纱罗拉　10—经轴　11—毛毡

（2）轴经整经

轴经整经是将经编机一把梳栉所用的经纱同时卷绕到一个经轴上。对于一般编织地组织的经轴，因经纱根数较多，纱架须具备较大容量，整经过程对设备要求较高，且易出现成形不良的情况，在生产中存在一定困难。该方法一般用于经纱总根数不多的花色纱线的整经上。花经轴整经机结构如图 5-9 所示。

（3）分条整经

将经编机梳栉所需的全部经纱根数分成若干份，依次绕到大滚筒上，再倒绕到经轴上，此为分条整经方法。这种整经方法生产效率低，操作烦琐，目前已很少使用。分条整经机结构如图 5-10 所示。

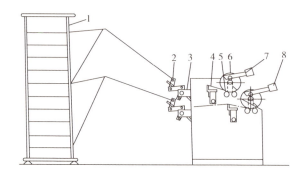

图 5-9　花经轴整经机结构

1—纱架　2—导纱杆　3—分纱瓷眼（或固定分纱箝）　4—游动分纱箝

5—主动罗拉　6—压紧罗拉　7—花经轴　8—重锤

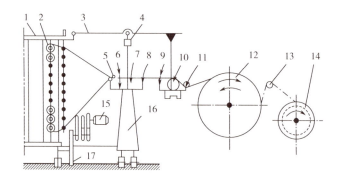

图 5-10　分条整经机结构

1—筒子架　2—锥形筒子　3—张力装置　4—断纱自停装置　5—导纱瓷板

6—压筘　7—断纱自停片　8—分绞箝　9—定幅箝　10—测长辊　11—导辊

12—大滚筒　13—压辊　14—织轴　15—电动机　16—分绞架　17—固定齿条

5.3.1.2　整经要求

①整经张力均匀一致。各根经纱之间张力均匀一致（否则会形成直条疵点）；每根经纱自始至终张力一致（否则经编坯布不同片段的密度有变化）；整经张力大小应适中（过小无法整经，过大影响纱线的弹性和强力）。

②经轴成形良好，表面平整，呈规则圆柱形，没有上层丝陷入下层丝的情况。

③经轴上经纱根数与长度符合工艺要求，正确安装筒子，正确穿纱。

④同一经轴所使用的原料应来自同一批次。

⑤改善纱线性能。如除去毛丝、结头等疵点；对丝给油以改善其集束、平

滑、柔软和抗静电性能，从而提高编织性能。

⑥应选用适当的整经速度，且同一套经轴须以相同速度整经，中途不得改变。

⑦各辅助装置（静电消除器、储纱装置、毛丝检测装置、断纱自停装置、计数装置等）工作正常。

5.3.1.3 聚乳酸针织布用纱的整经质量控制

（1）盘头卷绕直径大小不一

原因：聚乳酸纤维热变形温度低，整经温度控制不当，纱线收缩率波动；整经速度不稳定，忽高忽低；断纱次数过多，倒上纱的次数增多，影响纱线张力均匀性；开始整经时滚筒与盘头接触不好。

消除办法：精准调控整经温度，依据聚乳酸纤维特性（玻璃转化温度 55~60℃）设定合适温度范围，避免纱线过度收缩或拉伸；修理匀速装置，做到整经速度恒定，挡车工需注意在整经过程中不可随意改变整经速度；减少断纱，倒上纱的张力要均匀；调节滚筒位置，使开始整经时接触良好。

（2）断纱

原因：聚乳酸纤维脆性高，整经张力过大或者机械磨损加剧；丝管卷装成型不良，丝管上有毛丝；磁柱不整洁，玷污较多；湿度过低引发静电黏连。

消除办法：调节张力片大小使纱线张力适宜，更换磨损的瓷柱、瓷眼和分纱针；磨合针织机新针（3~5 天）；将成型不良的丝管去除，去除有毛的丝；擦洗瓷柱，保持清洁；聚乳酸纤维回潮率较小，加强静电消除。

（3）毛丝

原因：丝管在搬运、上机过程中擦毛；分纱针和瓷眼有沟槽、擦毛纱线；盘头边盘不光滑、有毛刺；停/开车时滚筒与盘头不同步，滚筒将纱线擦毛。

消除办法：按规定小心操作；更换已磨损的分纱针、瓷眼等零件；消除边盘上的毛刺；修理滚筒与盘头，停开车时同步。

（4）盘头表面纱线不平整

原因：湿度过小，纱线因静电作用不平整；张力片大小不一致；静电消除装置失效，无法消除静电；分纱针间距大小不一。

消除办法：控制温湿度，使之符合生产要求；调整张力片；修理静电消除器，使作用良好；更换间距不一的分纱针。

（5）纱线张力不均

原因：张力片、瓷柱等部件磨损或污染；瓷柱安装不准确；温湿度波动大，导致纱线张力不稳定。

消除办法：擦洗张力片、瓷柱；调整正确并固紧；控制整经车间温湿度恒定。聚乳酸面料具有众多优势与鲜明特色。其最大亮点是环保性，源于聚乳酸纤维的生物降解特性，在自然环境中可逐步分解，减少污染。在性能上，用于针织面料时，凭借纤维出色的弹性恢复性，赋予面料良好伸缩性，制作贴身运动装能贴合身体、舒适伸展，且针织结构使其透气又保暖；用于机织面料，纤维的热稳定性保障面料挺括，多次穿着洗涤不易变形，同时具备较高的强度、耐磨性和抗皱性。聚乳酸面料从纤维成分上可分为纯聚乳酸纤维面料和聚乳酸混纺面料。纯聚乳酸纤维面料完全由聚乳酸纤维构成，充分展现其环保与自身性能特点；聚乳酸混纺面料则是将聚乳酸纤维与棉、麻、聚酯纤维等混纺，不仅充分融合聚乳酸纤维的环保、抑菌等优势，还巧妙借助其他纤维的特性弥补了自身的不足，因而在服装、家纺等诸多领域得以广泛应用，彰显出极为良好的综合性能与广阔的发展潜力。

5.3.2 经编组织结构

经编织物具有纵向尺寸稳定性好、织物挺括、脱散性小、不易卷边和透气性好的特点。基于这些特点，经编织物分为衬纬经编织物、双轴向经编织物和经编不衬纬织物。

衬纬经编组织是在经编织物的线圈主干与延展线之间周期衬入一根或几根纱线的组织，分为全幅衬纬和部分衬纬，衬纬经编织物属于全幅衬纬。全幅衬纬需借助专门装置对经编织物全幅衬入纬纱，其地组织多为基本经编组织。如图5-11所示，衬纬梳不能置于前梳，否则衬纬纱无法夹在地组织线圈的主干与延展线之间。衬纬纱能否被地纱压住以及被几根延展线所压，不仅取决于两把梳栉的配置关系，还与梳栉针背横移的针距数和方向有关。

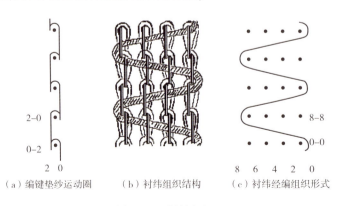

（a）编链垫纱运动圈　　（b）衬纬组织结构　　（c）衬纬经编组织形式

图5-11　衬纬组织

①衬纬组织不单独存在，必须与其他组织结合才能形成织物。

②衬纬梳栉前面必须至少有一把成圈梳栉。衬纬梳栉不作针前垫纱，只作针背垫纱，纱线被夹在地组织线圈主干和延展线之间。

③衬纬组织横向延伸性较小。由于衬入纱线呈直线状不可转移，唯一能提供伸长的是纱线本身的弹性，衬入纬纱越长，每横列中纬纱根数越多，横向延伸性越小。衬入纬纱较粗会限制织物的纵向延伸，故可作为少延伸织物，类似机织物。

④扩大了纱线的使用范围，因为衬纬纱不进行针前垫纱，纱线不进入针钩，不弯曲成圈，可以采用粗硬纱线、金属丝等。

⑤扩大了产品的花色品种。利用衬纬可以形成网眼、毛绒、复杂的花纹图案等效应。

5.3.3 经编机

5.3.3.1 主要经编机概述

经编机是用于生产经编织物的设备，其工作原理是通过导纱针将纱线垫入织针，沿着经向编织成圈并穿套形成织物。经编机具有高速、高精度的优势，适用于生产复杂花型和高密度织物。

（1）RS2（3）MSUS 型经编机

RS2（3）MSUS 型经编机是一种新型的生产单轴向或双轴向衬纬织物的拉舍尔经编机，它采用了新型的伺服电机控制的多头衬纬系统（MSUS）衬纬机构。新的 MSUS 衬纬机构由伺服电动机控制，它保证了高机速下衬纬结构的最佳传动速度和运动序列（连续不断地送出纬纱），衬纬工作宽度可达 5.4m，这确保纤维衬入时几乎不受损伤。衬纬纱被轻柔地喂入，且衬经纱与其完全垂直意味着不仅纤维长丝，而且纤维粗纱也可在该机构中使用。

（2）RS2（3）EMS 型拉舍尔经编机

RS2（3）EMS 型拉舍尔经编机带有全幅衬纬装置，能编织带有衬纬的技术织物以及用高弹纱编织的双轴向织物。用 EMS 新衬纬机构代替了 MSU 的老式衬纬机构，剪纬后可节省 10% 左右用纱。RS2（3）EMS 是能编织技术织物的衬纬高效经编机。

5.3.3.2 经编织物质量控制

经编生产过程中由于多种因素的影响，产生的各种疵点及其主要原因有：

（1）漏针

漏针又称线圈脱落，产生的基本原因是成圈时新纱线没有正确垫到针上或移至针钩内，布面上出现经纱未断的小洞。造成漏针的主要原因主要有：导纱针位置不准、钩针变形、经纱张力不匀等。

（2）花针

花针是由于集圈造成的不规则或垂直的小孔隙。造成花针的主要原因有：压板位置不准、压针时间不当、沉降片位置不准等。

（3）断头

断头原因较多，主要原因有：纱线质量不良、整经处理不良、纱线通道毛糙、导纱机件磨损、车间温湿度不稳定等。

（4）纵向条纹

纵向条纹产生原因有：不同针的工作条件不一致、整经时经纱张力不一致、经轴上采用的纱线不一致等。

（5）横条

横条产生的主要原因有：送经不良、经轴传动不准、牵拉张力变动等。

（6）其他

长丝需预加湿处理，以减少静电，并定期检查梳栉磨损情况，确保编织质量。

5.3.3.3 经编机编织实例

以聚乳酸长丝 83dtex/12f 为原料，分别编织两种结构织物。

（1）编链与经平组织

①组织结构 GB1：1-0/0-1// 满穿；GB2：1-2/1-0// 满穿。

②送经量 GB1：1300mm/腊克；GB2：1630mm/腊克。

③机上纵密为 20 横列/cm。

④机速为 1280r/min。

（2）编链与经斜组织

①组织结构 GB1：1-0/0-1// 满穿；GB2：3-4/1-0// 满穿。

②送经量 GB1：1200mm/腊克；GB2：2400mm/腊克。

③机上纵密为 21 横列/cm。

④机速为 1280r/min。

第6章 聚乳酸纤维的机织技术

6.1 聚乳酸机织布用纱要求

机织物是由互相垂直的经纱和纬纱两套纱线系统，按一定规律在织机上交织而成的片状物体。经纱指与织物长度方向平行的纵向纱线，纬纱指与织边宽度方向平行的横向纱线，两者相互沉浮交织的规律称为织物组织。

机织物具有结构稳定、纹理清晰、幅宽较大、生产效率高等特点。聚乳酸纤维机织物主要用作服装面料，组织以三原组织为主，部分含小提花组织。如图6-1所示为机织物组织结构。

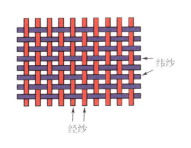

图6-1 机织物组织结构

聚乳酸纤维的力学性能适中，拉伸断裂强度通常为 2.0~4.0cN/dtex，接近于羊毛但低于涤纶、锦纶；杨氏模量通常为 50~70cN/dtex；断裂伸长率通常为 20%~40%。其可单独纺成纱线或与棉、绢丝、羊毛、麻、天丝、莫代尔、导电丝等混纺，纱支范围为 20 英支~100 英支，可制成单纱及股线。

由于机织用纱须少毛羽、高强力，因此聚乳酸纯纺纱或混纺纱常推荐采用紧密赛络纺工艺加工。

6.2 织前准备工艺

经纬纱织造前需经准备加工，原料不同则工艺不同。经纱准备包括络筒、并捻、整经、浆纱和穿结经；纬纱准备包括络筒、并捻、定形、卷纬。以下为聚乳酸纱线织造时的关键工序注意事项。

6.2.1 整经工艺

整经是按工艺要求将一定数量筒纱按规定长度、排列顺序、幅宽等均匀平行卷绕在经轴或织轴上，供后续工序使用。

6.2.1.1 设备选型

中低支纱：国产 CGGA114 型整经机，经济实用，适合常规品种。

高支纱：瑞士 Benninger（贝宁格）整经机、瑞士贝宁格 ZC-L 整经机、卡尔迈耶 DSL 40/30 高速整经机，具有更好的张力控制系统，适合高档产品。

6.2.1.2 工艺设定

聚乳酸纤维整经工艺可参考棉、涤纶类常规工艺，根据纱线支数、原料配比调整张力与车速；控制经轴卷绕密度，避免影响浆纱退绕与断头。

6.2.1.3 质量控制

全面清洁纱线通道（如用酒精擦拭夹纱器张力片、伸缩箱等部位），确保光洁无毛刺、杂物，减少毛羽；聚乳酸纯纺纱可能因弱环多、筒纱成型差等导致整经断头偏高，需采用集体换筒以保证张力均匀。

6.2.2 浆纱工艺

6.2.2.1 浆料选择

纯聚乳酸纱上浆主要解决毛羽和静电问题。由于聚乳酸纤维疏水性强、表面光滑，需选用黏附性好的浆料，以聚酯类为主，也可搭配高性能淀粉浆料、丙烯酸酯类及助剂，其浆料配方见表 6-1 和表 6-2。

表 6-1　喷水织造用纱线的浆料配方

成分	比例/%	功能
乙酰化淀粉	55	低温成膜（70℃有效）
聚乳酸寡聚物	30	增强聚乳酸纤维界面结合力
纳米纤维素	10	提升耐磨性（Taber 减重≤8mg）

表 6-2　喷气织造用纱线的浆料配方

成分	比例/%	功能
乙酰化淀粉（DS=0.05）	50	低温成膜（70℃有效）
聚乳酸—聚己内酯共聚物	35	提升柔韧性（断裂伸长≥25%）
纳米二氧化钛	5	抗紫外（UPF50+）

6.2.2.2　浆纱工艺

上浆质量除与浆料的选择有关外，还与浆纱设备及上浆工艺有关。

张力设定：经轴架退绕，张力以停车纱线不乱为宜；喂入伸长设为负数，使纱线松弛进入浆槽；湿区伸长正常开车时设为负数，干分绞区伸长可适当增大；聚乳酸纤维伸展性高、熔点低，浆纱张力应尽可能小。

温度设定：聚乳酸对湿热比较敏感，浆槽温度对上浆的浸透与被覆及在分绞区的落浆等都有较大影响，一般浆槽温度设定 80~85℃。此外，要特别注意锡林温度，锡林温度的控制对于经纱的毛羽伏贴及形成完整浆膜有较大的影响。因为湿区锡林温度过高，大量的水蒸气喷出，冲击被贴伏的纤维会造成毛羽增加；合并锡林温度高，极易在慢车时造成回潮率过低，形成脆断。聚乳酸对湿热比较敏感，烘筒温度超过 115℃，聚乳酸就会发生熔融、硬化，影响纱线的强力和弹性，因此，一般各烘筒温度不超过 115℃。浆槽温度低，可通过增大浆纱压力的方式增加纱线渗透性。

伸长控制：浆纱过程中若过度消耗伸长，会损耗纱线弹性，导致布机断经增加，尤其对高支纱影响显著；需降低各区域张力，湿区张力应更小，避免湿态经纱因抱合力降低而断头、粘连。

6.2.3　织造工艺

6.2.3.1　织机种类

目前常见的用于织造聚乳酸的织机有喷气织机、喷水织机和剑杆织机。喷气织机多用于织造平纹衬衫面料，喷水织机多用于织造高密平纹面料，剑杆织机主要用于织造提花面料。

目前常用的喷水织机有津田驹 ZW8100-4D，喷气织造有丰田 JAT810-4D，剑杆织机有必佳乐 OMNIplus 4-800（配 Staubli 2680 电子提花机，1344 针）。

6.2.3.2　上机张力计算

合理张力是效率保障，聚乳酸断裂伸长大，需配合横档疵点调试，张力尽可能小。参考日本津田驹公式：

$$上机张力（cN）= 英制支数/总经根数×（0.8~1.1）$$

6.2.3.3　经位置线调整

根据原料组分、纱支、经纱头份、综框页数等调整，优化织造状态。

后梁高度：影响布面风格与织机效率，需确保开口清晰度，减少织口游动，利于纬纱飞行与打纬。

停经架位置：适当前移（不可过多，避免增加摩擦），降低高度使下层经纱距停经架前沿 2~3mm，确保停经片抖动充分，抖落飞花杂物，减少摩擦与经纬向停台。

6.2.3.4 开口量及开口时间

开口量：开口量增加可提高织口清晰度，但满开时张力过大易断经；需根据品种调整，平衡开口清晰度与断经率。

开口时间：开口时间早，织口清晰、纬纱不易退回，织物外观丰满，但经纱张力与摩擦增加，断经率上升；开口时间迟，引纬困难、织物外观差，但断经率降低。一般高密防羽布、府绸开口时间为 270°~290°，斜纹为 300°。

6.2.3.5 引纬工艺

引纬时间：根据开口时间、品种特点、纱线质量及织轴质量确定；若纱线强力低但开口清晰，可采用低张力早引纬，减少纬纱吹断。

引纬气压：根据引纬时间、纬纱粗细与质量、纬纱种类及在异形筘中的飞行曲线调整；气压过高易吹断纬纱或导致自由端扭结，气压过低易产生边百脚、扭结或纬缩；可通过频闪仪观察纬纱飞行动态，优化气压与喷射时间，降低能耗并提高织造效率。

第7章 聚乳酸纤维的面料开发

聚乳酸面料具有众多优势与鲜明特色，其最大亮点是亲肤、天然抑菌、防螨以及环保性，其环保性源于聚乳酸纤维的生物可降解特性，聚乳酸在自然环境中可逐步分解，减少污染。在性能上，用于针织面料时，聚乳酸面料凭借纤维出色的弹性回复性，被赋予良好伸缩性，制作贴身运动装能贴合身体、舒适伸展，且针织结构使其透气又保暖；用于机织面料，纤维的热稳定性保障面料挺括，多次穿着洗涤不易变形，同时具备较高的强度、耐磨性和抗皱性。聚乳酸面料从纤维成分上可分为纯聚乳酸纤维面料和聚乳酸混纺面料。纯聚乳酸纤维面料完全由聚乳酸纤维构成，展现其环保与自身性能特点；聚乳酸混纺面料则是将聚乳酸纤维与棉、麻、聚酯纤维等混纺，不仅充分融合聚乳酸纤维的环保、抑菌等优势，还巧妙借助其他纤维的特性弥补了自身的不足，因而在服装、家纺等诸多领域得以广泛应用，彰显出极为良好的综合性能与广阔的发展潜力。

7.1 聚乳酸针织面料的开发

7.1.1 双珠地网眼布

聚乳酸双珠地网眼布（图7-1）采用双层设计，以聚乳酸长丝为内层、丝光棉股线为外层，充分发挥两种纱线的优势。内层聚乳酸长丝使其具有抗菌、不粘身、消臭的功能；外层丝光棉股线使其具有良好光泽与挺括立体的外观效果；六边形网眼设计使其具有优良的透气透湿性。

图7-1 聚乳酸双珠地网眼布
（来源：北京服装学院青少年儿童服装研究中心）

应用季节：春夏季

品类：Polo 衫、连衣裙、校服、工作服等

克重：234g/m²

纱支：75 旦/72f PLA 长丝、（60 英支/2）丝光棉股线

成分：70%棉+30%聚乳酸

组织：双珠地组织，内层为 75 旦/72f 聚乳酸长丝，外层为 60 英支/2 丝光棉股线

7.1.2　棉毛布

聚乳酸长丝家居服（图 7-2）吸湿性较好，能快速吸收人体排出的汗液并散发到空气中，保持皮肤干爽舒适，即使长时间穿着也不易有闷热感；具有良好的柔软度和悬垂性，触感丝滑，贴身穿着时不会有粗糙感，能给予身体轻柔的包裹，活动起来也十分自在；具有天然抗菌性，可抑制常见细菌滋生，使家居服在多次穿着后仍能保持相对清洁，减少异味产生，延长穿着寿命。

应用季节：春秋季

品类：家居服、T 恤等

克重：120g/m²、130g/m²、160g/m²

纱支：75 旦/72f 长丝

成分：100% PLA

组织：双罗纹

图 7-2　聚乳酸长丝家居服

7.1.3　速干面料

聚乳酸速干面料是将聚乳酸长丝作内层、迭代涤纶为外层，搭配独特的双层结构，实现功能互补（图 7-3）。内层聚乳酸长丝吸湿快，外层迭代涤纶导湿强，能迅速将汗液传导蒸发，速干效果较好；面料透气性能极佳，细密网孔大幅提升空气流通，及时排出热气和湿气，保持干爽；迭代涤纶耐磨，聚乳酸长丝抗菌，能延长使用寿命，保持面料清洁，减少异味。

应用季节：夏季

品类：运动衣、综合训练服、军服等

克重：180g/m²

纱支：75 旦/72f PLA 长丝、150 旦 迭代涤纶

成分：30%PLA+70%涤纶

组织：双面网眼布，内层为 75 旦/72f PLA 长丝，外层为 150 旦 迭代涤纶

图 7-3　聚乳酸速干面料

7.1.4　吸湿排汗面料

聚乳酸吸湿排汗面料（图 7-4）采用双层设计，以十字截面聚乳酸长丝形成具有网眼结构的面料内层，以精梳棉/聚乳酸混纺纱形成具有平整外观的外层。利用内外层亲疏水性差异及结构差异构成梯度毛细效应，使水分受压力差影响从内层传导至外层，赋予面料优异的吸湿排汗性能。

应用季节：春夏季

品类：运动服、T恤、家居服等

克重：170g/m²

纱支：75旦/72f PLA长丝（十字截面）、40英支 精梳棉/聚乳酸混纺纱65/35

成分：55% PLA+45%棉

组织：内层采用十字截面聚乳酸长丝形成网眼结构，外层采用精梳棉/聚乳酸混纺纱形成纬平针结构

图7-4 聚乳酸吸湿排汗面料

7.1.5 空气层面料

聚乳酸空气层面料（图7-5）是聚乳酸与莫代尔完美结合，柔软度达到4.5级，拉伸回复率>90%，双面结构呈现出细腻的凹凸纹理，轻薄无压迫感，贴身穿着舒适；温控透气性能极佳，空气层结构形成微循环气流，透湿量≥8000g/（m²·24h），能快速导湿，始终保持身体干爽；高色牢度印花工艺支持复杂图案，即使多次洗涤也不会掉色，也可让衣物始终保持亮丽如新；生产过程十分低碳，聚乳酸纺丝能耗比涤纶低30%，有效减少碳足迹。

应用季节：春夏秋季

品类：运动T恤、瑜伽服、内衣裤等

克重：200g/m²

纱支：60英支/2 PLA/莫代尔混纺纱

成分：70% PLA+30%莫代尔

组织：双面平纹+空气层结构

图7-5 聚乳酸空气层面料

7.1.6 提花面料

双层提花面料（图 7-6）是将聚乳酸长丝和精梳棉交织，充分发挥两种纱线的优势制得的面料。聚乳酸长丝 100% 自然基，pH 与人体接近，适宜和皮肤直接接触，其粉尘对婴幼儿无刺激，具有自身永久抑菌抑螨特性，无任何添加剂，还具有抗敏感、除异味、吸湿快干等优良性能；精梳棉赋予其良好光泽和柔软手感。

应用季节：春秋冬季

品类：婴幼儿服装

克重：180g/m²

纱支：75 旦/72f PLA 长丝、50 英
　　　支/1 精梳棉

成分：67%棉+33% PLA

组织：提花双层组织

图 7-6 双层提花面料

7.1.7 并纱汗布面料

并纱汗布面料（图 7-7）是由聚乳酸长丝与精梳棉并纱后织造而成的面料，巧妙融合了二者的优势。聚乳酸长丝本身环保可再生，且具有天然的抗菌性，能有效抑制细菌滋生，让织物保持清爽洁净，但单根强力偏低，通过并纱工艺，这一缺点得到有效解决。而精梳棉的加入，让面料拥有了良好的光泽与质感，赋予了面料极佳的手感。贴身穿着并纱汗布面料时，能带来如春日微风轻抚般的舒适感，既温暖又惬意。这种结合了聚乳酸长丝与精梳棉优势的面料，无论是制作成日常衣物，还是家居纺织品，都能给使用者带来独特且优质的体验。

应用季节：春秋季

品类：T恤、Polo衫、工作服、校服、
　　　内衣等

克重：180g/m²

纱支：75 旦/72f PLA 长丝、50 英支/
　　　1 精梳棉

成分：50%棉+50% PLA

组织：纬平针，PLA 长丝与棉纱并纱

图 7-7 并纱汗布面料

7.2 聚乳酸机织面料的开发

7.2.1 大提花面料

以蚕丝或涤纶为经纱，以聚乳酸长丝为纬纱，织制的大提花面料（图7-8）具有丰富的色彩与多变的纹样，可由图案变化产生多变风格，经设计完美融入国风、现代风格等服装设计中。

图 7-8　大提花面料

应用季节：春秋冬季

品类：国风时装、窗帘布、手袋等

克重：120g/m²、130g/m²、85g/m²

纱支：75旦PLA长丝、75旦涤纶长丝、122英支蚕丝股线

成分：蚕丝+PLA+涤纶

组织：大提花

7.2.2 家纺面料

聚乳酸长丝100%自然基，pH 与人体接近，具有天然永久的亲肤性，适宜与皮肤直接接触，具有自身永久抑菌抑螨特性，无任何添加剂，还具有抗敏感，除异味，吸湿快干等优良性能；莱赛尔可降解，触感爽滑且柔软（图7-9）。

应用季节：四季

品类：床单、被罩等

克重：150g/m²

纱支：150 旦/144f PLA 长丝、40 英支莱赛尔纱线

成分：40% PLA+60%莱赛尔

组织：斜纹

图 7-9 家纺面料

7.2.3 聚乳酸羊毛混纺面料

聚乳酸羊毛混纺面料（图 7-10）兼具两者特性，优势明显。聚乳酸源于可再生植物，可自然降解，环保性能出色，契合环保理念；羊毛凭借天然卷曲结构，储存大量静止空气，保暖效果绝佳，为面料提供可靠的保暖保障，秋冬季节也能感觉温暖舒适；在手感与质感上，羊毛柔软有弹性，赋予面料顺滑触感，聚乳酸则增强挺括度，让衣物不易变形，保持良好版型，适用于各种场合。同时，聚乳酸的抗菌性可抑制细菌滋生，减少异味，羊毛良好的吸湿性能快速吸湿排汗，确保穿着更舒适。

应用季节：秋冬

品类：大衣、风衣、毛衣等

克重：180g/m²

纱支：50 旦/48f PLA 长丝、40 英支羊毛

成分：66%羊毛+34% PLA

组织：斜纹

图 7-10 聚乳酸羊毛混纺面料

7.2.4 生态府绸

聚乳酸天然抑菌、抗紫外线，搭配棉纤维吸湿透气的特性，非常适合长时间

穿着；斜纹结构赋予面料微弹性和抗皱性，使生态府绸（图7-11）挺括且垂感好，十分适配商务衬衫、休闲外套等。而且，采用聚乳酸低温染色工艺，既节能又可使色牢度达4级以上；面料表面呈现细腻斜纹肌理，拥有哑光质感，浅色系呈现自然柔和光泽，深色系则饱满均匀，无论是制作商务服饰还是轻户外服饰，都能展现独特魅力。

应用季节：春秋季

品类：商务衬衫、休闲外套、轻户外服饰等

品类：140g/m²

纱支：经纱为（50英支）PLA/棉股线，纬纱为（40英支）PLA/棉单纱

成分：60%PLA+40%棉

组织：$\dfrac{2}{1}$ 斜纹

图7-11　生态府绸

（来源：北京服装学院、江苏聿米服装科技有限公司、浙江尚佳新材料科技有限公司、上海福源龙盛新材料科技有限公司）

第8章 聚乳酸面料的染整技术

8.1 聚乳酸纯纺面料的染色工艺

所述染色技术适用于纯聚乳酸散纤、纱线、针织物、机织物等的浸染染色。

其工艺流程为：

前处理→染色→还原洗→酸中和→水洗→浸轧功能助剂→定形

（1）前处理

80~90℃下处理20~30min；所用试剂为：纯碱1g/L，高效精练剂1~2g/L。

前处理工艺说明：

①聚乳酸白度较佳，正常情况下无须漂白，前处理做精练除油即可。

②聚乳酸缩率大，前处理提前预缩，避免染色过程缩率过大而导致色花。筒纱染色需采用精密络筒或者蒸纱预缩，避免因缩率过大导致内外色差及强力受损。

③聚乳酸耐碱性较差，应避免使用液碱。

④机织面料需要上浆，尽量采用水溶性丙烯酸浆料，避免使用传统化学浆料。

（2）染色

染色采用专用聚乳酸分散染料进行染色，上染中浅色时，110℃温度下染色30min；染深色时，在确保强力安全下温度可提高至115℃，染色50min，冰醋酸调节pH至5左右，1g/L导染剂F-036，浴比1:（12~15），适当放大浴比可改善布面效果和牢度。

染色工艺说明：

①聚乳酸专用分散染料。聚乳酸纤维从化学结构上属于聚酯纤维，理论上仍需采用分散染料进行染色。但其脂肪族结构与传统芳香族结构的涤纶有着本质的区别。而目前市场流通的芳香族分散染料主要为了适配传统非极性涤纶，而用于极性材料的聚乳酸时效果较差。聚酯纤维上色遵循相似相溶，经过大量的测试，菲诺染料化工有限公司在传统分散染料结构上进行改良，开发一套适配聚乳酸染

色的专用分散染料，在获得较高上色率的同时，确保良好的牢度表现及优越的稳定性。从根本上解决了聚乳酸染不深、缸差大、牢度差等问题。

②因聚乳酸生产工艺的不同，除了强力、手感存在差异，上色率也有所不同，染色前需确定饱和浓度，避免染料过量使用，导致牢度变差，严重可能会影响手感及强力。

③聚乳酸耐温性差，染色温度不宜超过115℃，同时染色稳定性非常重要，避免剥色修色，正常染色前后，强力损失控制10%以内。

④聚乳酸本身含有乳酸成分，高温会释放少量酸，pH控制在5左右可获得较佳上色率。

⑤加入1g/L苯甲酸苄酯类导染剂，可以更好地染透纤维，避免环状染色，可有效提高水渍、汗渍、日晒牢度。目前市场的上导染剂对聚乳酸染深性没有明显提高，有待行业进一步研究开发。

⑥聚乳酸在升温染色过程中，低于80℃上色率较低，因此染色时可设定较快升温速率（2~3℃/min）。升温至80℃，80℃后以较慢升温速率（1℃/min）升至110℃，并保温30~45min。织物张力在染色时需全程控制。

（3）还原洗

中深色：60~65℃×20min，保险粉3~4g/L，纯碱1g/L，还原稳定剂RC-600 1g/L。

浅中色：60~65℃×20min，酸性还原剂2g/L，冰醋酸调节pH至5。

还原洗工艺说明：

①聚乳酸玻璃化温度较低，因此还原洗温度不宜过高，避免色变严重。

②不同聚乳酸还原洗色变存在差异，需综合评估。

③中深色为了获得更好的牢度表现，需加入保险粉和纯碱，不宜用液碱。特殊情况可采用两次还原洗。

④浅中色可采用低温皂洗或者酸性还原洗，以获得更稳定的颜色表现。

酸中和：深色用保险粉还原洗后，需用醋酸调pH节至5左右，在50℃进行酸中和。

（4）浸轧

①采用非有机硅类柔软剂（亲水型柔软剂）可以有效提高织物的平滑性和吸湿性。

②部分功能助剂对颜色有影响，使用前实验室需提前评估。

③部分功能助剂对皂液/泡水牢度有影响，加入20g/L牢度提升剂F-399提高泡水牢度。

（5）定形

聚乳酸耐温性差，定形温度尽量不高于120℃。

8.2　聚乳酸纤维与纤维素类混纺或交织物的染色工艺

所述染色工艺适用于聚乳酸与棉、粘胶、莱赛尔等纤维混纺或交织物。工艺流程为：

前处理→分散染料染色→还原洗→水洗→活性染料染色→低温皂洗→水洗→固色→浸轧助剂→定形

（1）前处理

①退浆酶5~6g/L，55~60℃，40min。

②（80~90）℃×（20~30）min，纯碱1~4g/L，高效精练剂1~2g/L（漂白加4~8g/L过氧化氢）。

（2）分散染料染色

采用专用聚乳酸分散染料进行染色，上染中浅色时，110℃温度下染色30min；染深色时，在确保强力安全下温度可提高至115℃，染色50min，冰醋酸调节pH至5左右，1g/L导染剂F-036，浴比1：（12~15），适当放大浴比可改善布面效果和牢度。

（3）还原洗

中深色：60~65℃×20min，保险粉3~4g/L，纯碱1g/L，还原稳定剂RC-600 1g/L。

浅中色：可不做还原洗，后续与纤维素纤维一起做防沾皂洗，将浮色洗净。

（4）活性染料染色

60℃加盐吸色20min后，再加纯碱固色40min，纯碱用量不宜超过10g/L，避免影响聚乳酸的强力及颜色表现。深色及黑色建议采用低碱活性染料。

（5）低温皂洗

65~70℃下处理20min，1~2g/L防沾皂洗剂PC-1500，深色可洗两次。也可水洗酸中和：常温水洗一次，醋酸调节pH至6~8；再85~90℃下皂洗10~15min，防黏皂洗剂1~2g/L。

（6）固色

深色需用棉用阳离子固色剂进行固色。

（7）浸轧

①采用非有机硅类柔软剂（亲水型柔软剂）可以有效提高织物的平滑性和吸湿性。

②部分功能助剂对颜色有影响，使用前实验室需提前评估。

③部分功能助剂对皂液/泡水牢度有影响，加入 20g/L 牢度提升剂 F-399 提高泡水牢度。

（8）定形

聚乳酸耐温性差，定形温度尽量不高于 120℃。

8.3 聚乳酸与生物基尼龙 56 交织物的染色工艺

聚乳酸强力偏弱，可与尼龙交织以获得较佳的强力表现，而传统尼龙对分散染料沾污严重，导致聚乳酸上色率变低，牢度变差。生物基尼龙 56 纤维因其极佳的低分散染料沾污性，适合与聚乳酸交织，有效提高聚乳酸强力的同时不影响上色及牢度表现。

染色工艺流程为：

前处理→染色→后处理→水洗→酸性固色→浸轧助剂→定形

（1）前处理

80~90℃×20~30min，纯碱 1g/L，高效精练剂 1~2g/L。

（2）染色

采用专用聚乳酸分散染料/酸性染料同浴染色，110℃×30min，冰醋酸调节 pH 至 4~5，导染剂 F-036 1g/L。

（3）水洗

暗色深色系：酸性染料需选用酸性含金染料，可进行低温还原洗。

60~65℃×20min，保险粉 3~4g/L，纯碱 1g/L，还原稳定剂 RC-600 1g/L。

浅色艳丽色：浅色或者艳色用酸性弱酸染料时，用低温皂洗替代还原洗。

65~70℃×20min，1~2g/L 防沾皂洗剂 PC-1500。

（4）酸性固色

65~70℃×15~20min，5g/L 酸性固色剂 PA，冰醋酸调节 pH 至 4~5。

（5）浸轧功能助剂

①采用非有机硅类柔软剂（亲水型柔软剂）可以有效提高织物的平滑性和吸湿性。

②部分功能助剂对颜色有影响，使用前实验室需提前评估。

③部分功能助剂对皂液/泡水牢度有影响，加入 20g/L 牢度提升剂 F-399 提高泡水牢度。

（6）定形

聚乳酸耐温性差，定形温度尽量不高于 120℃。

8.4　聚乳酸纤维与其他化纤混纺织物染色的局限性

因聚乳酸纤维的特殊结构及极性基团，染料上色吸附能力偏弱，某些化学纤维的加入存在抢色，使聚乳酸上色率变差，导致两种纤维异色。

因竞染导致聚乳酸不上色，目前不适合与聚乳酸匹配的常用化学纤维有：CDP/ECDP、聚醚酯（如恒力箐纶）、PBT/T800、常规氨纶（抢色严重，牢度较差）、尼龙 6（抢色严重，牢度较差）。

与聚乳酸同浴竞染相对更轻，可以开发匹配的常用化学纤维有：常规涤纶长纤、PTT/T400、醋酯纤维。

聚乳酸纤维不耐高温，后期面料定形环节温度不超过 120℃，有一些面料在织造过程中会添加氨纶。常规氨纶的定型温度高，不适用聚乳酸面料，建议选用低温定型氨纶。

随着聚乳酸的进一步发展，未来可能会开发出与传统涤纶上色相近的聚乳酸纤维，届时聚乳酸染整的局限性会打破，聚乳酸应用将变得更加广泛。

第9章　聚乳酸纤维非织造技术

聚乳酸纤维在非织造领域根据加工工艺的不同具体可分为纺粘非织造布、熔喷非织造布、水刺非织造布、针刺非织造布、热风非织造布、热轧非织造布以及湿法非织造布等几类，由于生产工艺条件与所用原料的不同，不同工艺制备的非织造织布有其独特的性能与应用领域。纺粘法通过连续长丝形成高强度的纤网；熔喷工艺生成超细纤维，可用于过滤；水刺技术利用高压水流缠结纤维提升了非织造织布的柔软性；针刺工艺通过机械固结增强了结构稳定性；热风/热轧法则依托热黏合实现了非织造织布蓬松质地。非织造技术虽路径各异，但均保留了聚乳酸的特征：无毒、低敏且降解可控，最终分解产物为二氧化碳和水，从源头上解决了微塑料污染问题。

9.1　纺粘工艺

纺粘工艺是通过熔融纺丝直接形成连续长丝网络，无须化学黏合剂，符合全球可持续发展的核心需求。

聚乳酸纤维的初始模量和断裂强度高，通过纺粘工艺形成均匀且连续的长丝，具有优异的力学性能和尺寸稳定性。纤维细度可精确调控至微米级，适用于制备轻量化高强度的产品。此外，纺粘非织造布表面光滑且孔隙分布均匀，可满足高精度过滤或医疗防护材料的要求。

聚乳酸纤维在纺粘加工过程中耐弱酸、弱碱及部分有机溶剂（甲苯、二甲苯、低浓度乙醇等），具有良好的耐化学性。其天然抗菌特性来源于乳酸分子的抑菌作用，特别适用于医疗敷料、卫生用品等对卫生性能要求较高的场景。同时，聚乳酸纤维在加工过程中不会释放有毒气体，确保生产环境的安全性。

9.1.1　纺粘工艺流程

纺粘法工艺包括：切片—干燥—熔融挤出—气液牵伸—铺网—热轧。

聚乳酸切片、经过严格干燥去除水分后通过螺杆挤出机熔融为均匀的熔体。

熔体经计量泵精确输送至喷丝板，形成连续长丝。高速热气流对长丝进行牵伸细化后，长丝通过摆丝装置随机铺覆于成网帘上，形成均匀纤网。纤网经热轧辊加压黏合或热风固化后，最终分切为所需幅宽的非织造布。

9.1.2 关键工艺要点

首先是聚乳酸熔融时温度的控制。聚乳酸的热敏感性要求精确控制螺杆温度区间，通常为170~220℃，避免因局部过热导致分子链降解，影响纤维强度。其次，在气流牵伸工艺中，通过调节热气流速度与温度，平衡纤维细度与牵伸效率，确保长丝直径均匀且无断头。最后，在成网均匀性方面，成网帘下方的负压吸风系统需稳定运行，防止纤网因气流扰动产生厚薄不均或孔洞缺陷。

9.1.3 产品应用领域

聚乳酸纺粘非织造布凭借其可降解性和透湿透气、生物相容、轻质低碳等性能优势，已广泛应用于医疗、环保包装及农业领域。

图 9-1　聚乳酸纺粘非织造布
在口罩/防护服中的应用

（1）医疗领域

经"三抗"（抗血液、抗酒精、抗静电）处理的聚乳酸非织造布被用于手术衣、口罩等防护用品，聚乳酸/壳聚糖复合非织造布可抑制金黄色葡萄球菌生长，其抑菌率大于99%，成为可吸收敷料的理想选择。图9-1为聚乳酸纺粘非织造布在口罩/防护服中的应用。

（2）环保包装领域

在环保包装领域，纺粘聚乳酸材料可替代部分传统塑料包装袋，用于食品、电子产品等物品的轻型包装，具有抗穿刺性和可堆肥性，尤其适用于生鲜食品的短期保鲜包装，避免传统 PE 膜造成的"白色污染"。

作为包装材料时，聚乳酸纺粘非织造制品在常规环境下具有一定的生命周期和良好的性能表现，无论是在陆运、海运和空运等多样化的运输环境中，均可对被包装物提供稳定有效的保护和缓冲作用。

在固废处理场景中，聚乳酸纺粘布被开发为可降解垃圾袋，其降解速率可通过调节聚乳酸分子量（$M_w = 7 \times 10^4 \sim 2 \times 10^5$）精准控制，用来匹配不同垃圾填埋场的处理周期。例如，针对厨余垃圾的聚乳酸垃圾袋设计降解时间为 90 天；而针对园林废弃物的袋子则延长至 120 天，以确保降解与资源的合理分配，图 9-2 为聚乳酸纺粘非织造布包装。

图 9-2　聚乳酸纺粘非织造布包装

（3）农业覆盖领域

聚乳酸纺粘非织造布在农业覆盖领域为传统塑料地膜提供了绿色替代方案。通过优化纺粘工艺参数，可定制多种功能性地膜。高透光型地膜可促进作物光合作用，适用于低温地区作物的加速生长；黑色遮光型地膜有效抑制杂草，减少对除草剂依赖；微孔透气型地膜则通过均匀孔隙设计平衡保温与通风需求，避免根部湿热引发的病害。

材料创新上采用分层复合结构，表层通过高密度纤维维持力学强度，底层添加可降解助剂加速分解并释放养分，既延长覆盖周期又提升土壤肥力。工艺升级可引入抗紫外线改性技术，增强地膜耐候性，适应长期露天使用；智能温敏设计使地膜在高温下自动调节孔隙率，防止作物灼伤。实际应用中，聚乳酸地膜不仅能完全降解、避免土壤微塑料残留，还可促进土壤有机质循环，推动农业向生态友好方向转型，图 9-3 为聚乳酸纺粘非织造布农业地膜。

图 9-3　聚乳酸纺粘非织造布农业地膜

（4）家具领域

由于聚乳酸材料具有抑菌、环境友好、结实耐用、柔软不掉屑等优点，聚乳酸纺粘非织造材料常用于制作购物袋、餐巾、一次性抹布、防螨床套等家居用品。聚乳酸纤维具有较好的疏水性能，对于擦拭产品而言，快速恢复干爽可在一定程度上减少细菌滋生，图9-4为家居用品袋。

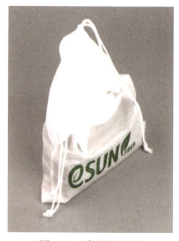

图9-4　家居用品袋

（5）卫生材料领域

在一次性卫生材料领域，聚乳酸纺粘水刺非织造材料手感柔软、蓬松，悬垂性、透气性好，不易起毛掉屑，因此可用作尿不湿、卫生巾的面料及其他生理卫生用品，用后丢弃不会产生环境污染问题，图9-5为聚乳酸非织造布在卫材领域的应用。

图9-5　聚乳酸非织造布在卫材领域的应用

9.1.4　纺粘法存在的问题及应对措施

9.1.4.1　存在的问题

尽管聚乳酸纺粘技术前景广阔，其产业化仍面临材料、设备及环境适应性的多重挑战。

①材料层面。聚乳酸的低熔点（160～180℃），导致其在热轧或热风固化时易发生熔融粘连，影响产品表面平整度。此外，纤维的吸湿性较差，可能导致加工过程中静电积累，干扰纤网铺放稳定性，是聚乳酸纺粘产品不易加工的原因。

②设备工艺问题。传统纺粘设备多针对聚丙烯（PP）设计，而聚乳酸熔体黏度较大，所需设备与涤纶纺丝设备更接近，需调整螺杆压缩比和喷丝板孔径以匹配其流变特性。但是，设备改造不仅增加初期投资，还可能降低生产效率。

③产品性能局限。由于聚乳酸的低结晶度与纺粘非晶结构的热敏感性以及聚乳酸本征脆性与非织造布松散的热黏合结构，导致纺粘非织造布的耐高温性和抗撕裂性都较弱，难以满足汽车内饰或工业过滤材料对长期耐候性的要求。由于聚乳酸产品脆性较强，还会导致皮肤接触感较差，影响亲肤产品的应用。同时，其降解速率受环境温湿度影响较大，在户外应用中可能出现提前老化问题。

9.1.4.2　应对措施

对应的改进措施如下。

①材料改性。可以通过共混增强和纳米复合的方法进行改性。首先是共混增强，即与聚酯（PET）或聚碳酸酯（PC）共混，提升纤维耐热性并延缓降解速率。其次是纳米复合，即添加二氧化硅或黏土纳米粒子，改善纤维的力学性能和尺寸稳定性。

②工艺优化。可采用多级牵伸技术和低温铺网策略，如冷却风箱分区控温可减少纤维黏连，提升布面均匀性；也可采用在线监测系统，如红外热像仪的应用实现了工艺参数的实时精准调控；纤维细旦化则可以提升产品的柔性。

③设备优化。设备升级方面可以设计双螺旋挤出系统，增强熔体混合均匀性，避免局部降解；其次可以使用聚乳酸专用纺丝板，优化孔径设计与分布密度，提升纺丝效率与纤维均匀性。

9.2　熔喷工艺

熔喷法是一种新型的生产方法。其核心技术是利用高温气流对熔融物进行拉伸，得到微细纤维，然后在固化网筛或辊筒上固化后，再与纤维相互缠绕，制成熔喷非织造布。采用该方法，将聚合物片送到挤压机上使其熔融，然后将熔融物送到模具中，由出料泵对其进行吹制。在该工艺中，需要对喷孔出口熔体速度进行准确地测量。该装置包括聚合物熔体分布系统和模具系统，其主要作用是保证熔融物沿模具全长均匀地流动。随后，利用高温空气将稀熔体快速抽离。随着热空气和环境空气的混合，纤维逐渐冷却，凝结为一根短小的细纤维。最后，在聚结帘筒或辊筒中，完成非织造布的制作。

9.2.1　熔喷工艺流程

图 9-6 为熔喷工艺示意图。

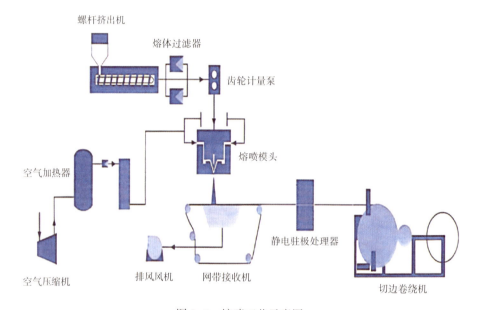

图 9-6　熔喷工艺示意图

熔喷工艺需聚乳酸具备高熔融流动性，熔融指数 $\geqslant 30g/10min$，以确保熔体通过微孔喷丝板时形成超细纤维，其直径为 $1\sim 5\mu m$。原料的分子量分布需窄化。

熔喷非织造材料依赖热风自黏合，无须额外化学黏合剂，与聚乳酸的可降解性高度契合。其超细纤维结构可提供高比表面积，适用于高效过滤领域。

熔喷非织造材料具有纤维细、比表面积大、孔隙率高、孔隙小等特点，易发挥高效、低阻、节能的过滤特性，可对粉尘、细菌等有害物质实现有效阻隔。

9.2.2　产品应用领域

在"碳达峰、碳中和"和"净土计划"等环保政策的推动下，全生物可降解的聚乳酸基熔喷非织造材料及其制品将迎来进一步的跨越式发展。随着对健康、卫生、舒适意识的增强以及生活节奏的加快，熔喷布在医用防护、民用卫生

等领域的市场需求快速增长。同时，存在多
种材料可制备全降解熔喷布，例如聚己二
酸/对苯二甲酸丁二酯（PBAT），是一种脂
肪族/芳香族共聚酯，柔韧性好，可与聚乳
酸、淀粉等共混，在土壤或海洋环境中逐步
降解为小分子；聚丁二酸丁二醇酯（PBS），
是一种全脂肪族聚酯，降解速度快，耐温性
适中，常与淀粉、纤维素配合使用以优化性
能材料，因其环境友好性，避免了对环境的
二次污染，市场前景好。聚乳酸基熔喷材料
因其环保特性和多功能性，在多个领域展现
出巨大的应用潜力和市场前景，图 9-7 为熔
喷非织造布。

图 9-7　熔喷非织造布

（1）空气过滤材料

　　聚乳酸纤维具有一定的过滤性能，其纤维细度和截面形状可以设计成具备优
化空气流动和颗粒捕捉的效果，有效过滤空气中的微小颗粒和污染物。经过静电
驻极处理的聚乳酸熔喷复合材料，用于空气过滤时，具有初始阻力低、容尘量
大、抑菌除臭、透气性好、过滤效率高等特点，如在 32L/min 流量状态下，对
0.3μm 粒径的过滤材料的过滤效率可达 99.9%，阻力仅为 117.7Pa，相当于
12mm 水柱，可有效过滤和净化空气中的尘埃、细菌、病毒等污染物，提高室内
空气质量，被广泛用于电子制造、食品、饮料、化工、机场、宾馆等场所的空气
净化处理，过滤的空气清新无异味，同时可有效防止滤材霉变黏结，延长使用寿
命，图 9-8 为聚乳酸空气过滤材料。

图 9-8　聚乳酸空气过滤材料

　　空气中的污染物如颗粒物、细菌、病毒和有害气体等是许多呼吸系统疾病和

心血管疾病的诱因。口罩滤材可以减少这些污染物的吸入，降低患病风险。

同时，对于口罩滤材来说，生物降解性是非常重要的特点。基于聚乳酸材料制作的口罩过滤层，由于聚乳酸纤维的特殊性，其不仅能完成"物理过滤"，也能实现"生物过滤和除臭"。聚乳酸纤维表面呈弱酸性，能抑制微生物的生长，一定程度上减少空气中过敏原和病菌的传播，且自身的酸性可破坏致臭菌的细胞结构，杀死致臭细菌从而达到除臭的效果。此外，基于聚乳酸材料制作的口罩过滤层还可以起到抑菌除臭的作用，长期佩戴无口气，保证佩戴者的健康与舒适度，在使用完毕废弃后也能降解，减轻生态系统压力。

目前市面在售的滤材原料大多为聚丙烯等不可降解的石油基聚合物，大量使用废弃后必将带来能源匮乏和环境污染问题。采用聚乳酸制备熔喷非织造材料，用于空气过滤领域，可在一定程度上缓解能源匮乏与环境污染等问题，图9-9为聚乳酸全生物降解一次性口罩。

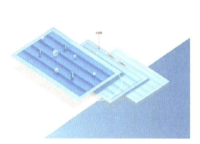

图9-9　聚乳酸全生物降解一次性口罩

（2）液体过滤材料

液体过滤材料广泛应用于多个领域，主要功能是去除液体中的杂质、颗粒、微生物等污染物，确保液体的纯净和安全。聚乳酸熔喷非织造材料具有环保、过滤性能优秀、化学稳定性高、强度高、韧性好的特点，这使其在液体过滤应用领域中表现出色。具体来说，聚乳酸熔喷非织造材料可以过滤$0.22 \sim 10\mu m$粒径的颗粒，如细菌、血液及大分子物质，适用于多种液体过滤场景。

在环保和能源领域，聚乳酸熔喷非织造材料用于油水分离，高效过滤液体中的杂质和颗粒物。在污水处理过程中，可高效去除水中的悬浮物、微生物及其他污染物，提高水质。在工业生产中，用于过滤和净化工业用水，去除重金属、有机物等污染物，保障生产设备的正常运行，还可应用于电子工业的感光抗蚀剂及电镀液的过滤，确保电子产品的质量和稳定性；应用于医药工业药物、生物、合成血浆产品过滤，保障药品安全和质量；应用于食品工业的饮料、啤酒和糖浆过滤，确保产品纯净与无菌；应用于水厂自来水净化过滤，确保水质的安全以及环境废水过滤等。

液体过滤材料在多个领域具有不可或缺的作用，当前产品以机织、针织、编织物滤材等为主，随着非织造材料的应用比例不断提升，聚乳酸熔喷非织造材料凭借其优良的过滤性能，正受到业内的广泛关注。未来随着技术进步，其应用范围将进一步扩展，图 9-10 为液体过滤材料。

图 9-10　液体过滤材料

（3）食品保鲜材料

食品保鲜不仅影响着食品的安全性和营养价值，关系到食品产业链的每一个环节，对保障全球食品安全、促进经济发展和环境保护具有重要作用。随着科技的进步，食品保鲜技术也在不断发展，为人类社会带来更多的益处。聚乳酸熔喷材料在食品保鲜领域的应用前景广阔，特别是在抗菌食品包装和延长食品保质期方面展现出巨大的潜力。

（4）油水分离材料

聚乳酸熔喷材料不仅对于环境保护和资源回收至关重要，也是提高工业生产效率、促进社会经济发展和大众技术创新的关键。随着科技的发展和大众环保意识的提高，聚乳酸熔喷材料在油水分离中的应用将继续发挥重要作用。

9.2.3　熔喷法存在的问题及应对措施

9.2.3.1　存在的问题

熔喷法的技术难点是纤维直径的控制，需精准调节热空气压力与温度，避免纤维黏连或断裂。均匀成网，优化喷丝板与成网帘间距，减少边缘"飞絮"现象，确保纤网克重一致。

（1）原料熔融指数的限制

用作熔喷非织造材料的聚乳酸必须具有一定的熔融指数（≥20g/10min），但常规熔融纺丝级别的聚乳酸无法满足这一要求。较低熔融指数的原料会导致熔体强度增加，需要更大的挤出机压力才能使熔体成功挤出喷丝孔，这不仅增加了能耗，还会使挤出的熔体难以有效拉伸，最终导致纤维粗化。例如，当使用低熔融指数的聚乳酸原料时，挤出机压力需大幅提升，而拉伸效果却不理想，纤维直径明显增大，影响了产品的性能。

（2）纤维直径控制困难

品质较好的聚丙烯熔喷布纤维直径可达 $0.5\sim5\mu m$，但聚乳酸熔喷布很难达到这一水平。由于聚乳酸自身特性以及熔喷工艺的复杂性，使聚乳酸熔喷布在纤维直径的精细化控制上存在较大挑战，难以满足一些对纤维直径要求苛刻的应用场景。

（3）热稳定性问题

聚乳酸对热较为敏感，在熔喷过程中，高温环境容易引发聚乳酸的热降解，导致材料性能下降。在纺丝温度和停留时间控制不当的情况下，聚乳酸分子链会发生断裂，从而影响熔喷布的质量和性能。

9.2.3.2 应对措施

相应的解决措施包括以下几项。

（1）原料改性

添加增塑剂或助剂。通过在聚乳酸基体中引入合适的增塑剂或助剂，如聚合松香等，提升体系的熔融指数。聚合松香不仅能提高熔融指数，还能对低熔融指数聚乳酸起到诱导成纤作用。在具体操作中，将低熔指聚乳酸与聚合松香颗粒按一定质量比在真空烘箱中进行烘干处理，然后在造粒机中混合造粒，合理设置造粒机各段温度和转速，可有效改善原料性能。

共混改性：与其他聚合物进行共混。如与具有良好加工性能和特定性能的聚合物共混，取长补短，可改善聚乳酸的熔喷加工性能和最终产品性能。通过选择合适的共混比例和共混工艺，可使共混物在保持聚乳酸可降解特性的同时，优化其熔融指数和纤维成型性能。

（2）工艺优化

精确控制熔喷机参数：对熔喷机温度、计量泵转速、螺杆转速等参数进行精确调控。

改进冷却和收集方式：优化纤维的冷却和收集过程，采用合适的冷却介质和冷却速度，使纤维快速冷却定形，减少纤维间的粘连和变形。同时，改进收集装置，确保纤维能够均匀地收集成纤网，提高熔喷布的质量均匀性。

（3）设备改进

研发专用挤出设备：针对聚乳酸熔喷工艺的特点，研发具有更高压力输出和更精确温度控制的挤出机，以满足低熔融指数聚乳酸原料的挤出需求，减少因挤出压力不足导致的纤维粗化问题。

优化喷丝板设计：设计更合理的喷丝孔形状、尺寸和排列方式，改善熔体的挤出流场，使熔体在挤出喷丝孔后能够更均匀地拉伸，从而实现对纤维直径的更好控制。

9.3　水刺工艺

水刺非织造材料是一种通过高压微细水流喷射到纤维网上，使纤维相互缠结加固而成的非织造布材料。水刺非织造材料的纤维原料来源广泛，可以是涤纶、锦纶、丙纶等合成纤维，可以是棉、木浆、竹纤维等天然纤维，也可以是再生纤维素纤维等人造纤维，还可以是这些纤维的组合，即混合纤维。

水刺非织造材料具有环保、柔软、透气吸湿性好、强度高等特点，广泛应用于医疗卫生用品（如医用敷料、消毒棉片、湿巾、口罩等）、家庭卫生护理用品（如面膜、洗脸巾等）以及包装材料等领域。此外，根据纤维原料和生产工艺的不同，水刺非织造材料还可以具有阻燃、抗菌、拒水、抗静电等特殊功能，适用于更多领域的需求。

水刺工艺通过物理缠结形成非织造材料，完全依赖机械作用而非化学黏合，与聚乳酸的可生物降解特性高度契合，符合全球减塑与绿色制造趋势。

聚乳酸纤维具有适中的拉伸强度与柔韧性，能够承受水刺工艺中高压水针的冲击而不易断裂。水刺后的非织造材料呈现均匀的三维网状结构，孔隙分布合理，兼具高透气性和柔软触感。此外，纤维在水力作用下形成的缠结点分布均匀，赋予材料良好的各向同性，使其在拉伸、撕裂等力学性能上表现均衡，适用于对材料均匀性要求较高的应用场景。

聚乳酸纤维在湿态环境中仍能保持化学稳定性，不易因吸水膨胀或水解导致性能劣化。水刺工艺全程无化学添加剂介入，确保了材料的纯净性与安全性，尤其适用于直接接触皮肤的医疗卫生产品。其天然抑菌性来源于乳酸分子的酸性环境，可有效抑制细菌滋生，延长产品使用寿命。

9.3.1　水刺工艺流程

利用水刺喷头射出的高压水流穿刺纤维网和射流撞击送网帘后形成不同方向的反射作用，使纤网中的纤维相互缠结在一起而达到固结，然后经过烘干和卷绕形成成品，图 9-11 为水刺工艺设备。

①原料准备。根据产品需求选择聚乳酸纤维和其他合适的纤维原料，如天然纤维（棉、木浆等）、化学纤维（聚酯、聚酰胺等）或再生纤维素纤维等，

图 9-11 水刺工艺设备

并将纤维开松、混合，制成均匀的纤维网。

②梳理成网。通过梳理机对纤维进行梳理，将纤维梳理成单纤维状态，并使其在一定程度上平行排列，形成连续的纤维网。梳理过程中还可对纤维网的克重、厚度等进行初步调整。

③铺网。将梳理好的纤维网通过铺网机进行铺叠，以达到所须的厚度和均匀度，通常采用交叉铺网或平行铺网的方式，使纤维网在横向和纵向具有不同的性能特点。

④水刺加固。这是水刺工艺的核心步骤。纤维网被输送到水刺设备中，高压水针从不同角度喷射到纤维网上，使纤维相互缠结、抱合，从而实现加固。水刺的压力、水针的密度和排列方式等参数会影响水刺非织造材料的性能。一般会经过多个水刺单元进行多次水刺，以达到理想的加固效果。

⑤干燥。经过水刺加固后的材料含有大量水分，需要通过干燥设备进行干燥。常用的干燥方法有热风干燥、红外干燥等，使材料的含水率降低到规定的范围，一般为 5%~10%。

⑥后整理。根据产品的最终用途，对干燥后的水刺非织造材料进行后整理加工。例如，进行轧光处理以改善材料的表面平整度和光泽度；添加抗菌剂、柔软剂等功能性整理剂，赋予材料相应的功能；或者进行分切、卷绕等包装前的处理工序。

⑦检验与包装。对水刺非织造材料的各项性能指标进行检验，如强度、透气性、克重、厚度等，确保产品质量符合标准要求。检验合格后，将材料按照一定的规格进行包装，以便储存和运输。

9.3.2 关键工艺要点

水针压力分级控制：采用由低到高的梯度压力设计，逐步增强纤维缠结强度，减少表层纤维损伤。

针板孔径优化：根据纤维细度选择针板孔径，确保水针能量集中且分布均匀，避免局部缠结不足。

低温烘干技术：采用热泵或红外辅助烘干，降低能耗的同时防止纤维热老化。

9.3.3 产品应用领域

聚乳酸水刺非织造布克重 $28 \sim 200 \mathrm{g/m^2}$，幅宽 $3.5 \sim 4 \mathrm{m}$，可广泛应用于个人护理用品、生物包装等领域。

（1）卫材系列/抗菌水刺非织造布

苏州易生新材料有限公司研发生产的聚乳酸水刺非织造布可用于尿不湿、卫生巾的面层和底层材料，也可应用于卸妆棉、湿巾、面膜布等相关个人护理产品，如图 9-12 所示。

（a）婴儿尿不湿　　　　　　　　（b）湿巾、卫生巾

图 9-12　水刺非织造布产品

产品优势如下：

①聚乳酸材料自带抑菌性且防螨、除臭。

②聚乳酸纤维导湿性强，在被浸湿后可迅速扩散、单向导湿，能较快恢复干爽，减少细菌滋生的机会。另外，聚乳酸纤维还具备较好的透气性，能为用户提供舒爽的使用体验。

③质轻、不助燃、无毒、无刺激致敏性、可生物降解。聚乳酸由乳酸而来，乳酸是人体内源性物质，具有高生物相容性，这意味着使用聚乳酸纤维制成的一次性卫生产品在与皮肤接触时，不容易引起过敏反应，适合敏感肌肤使用，图 9-13 展示了聚乳酸纤维的 pH 值。

④强度和耐磨性优异，基于聚乳酸纤维制作的非织造布具备较好的物理性能，强度高、耐摩擦及揉搓，在用作卸妆巾、卸妆棉、洗脸巾及湿巾产品时，可保证产品功能性。

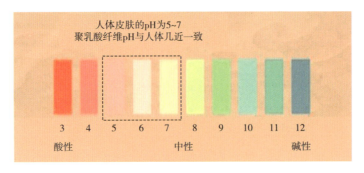

人体皮肤的pH为5~7
聚乳酸纤维pH与人体几近一致

3　4　5　6　7　8　9　10　11　12

酸性　　　　　　　中性　　　　　　　碱性

图 9-13　聚乳酸纤维的 pH

（2）包装系列/超声波热黏合水刺非织造布

产品优势如下：聚乳酸水刺非织造布是一种结合了聚乳酸环保性和水刺工艺柔软性的新型材料，具有可生物降解、柔软、导湿透气、质轻不助燃、无毒、无刺激致敏性和无化学残留等优点，且聚乳酸纤维可以与其他再生纤维（如粘胶纤维、莫代尔纤维等）混合使用，定制不同类型的水刺非织造产品，这种灵活性使其可以满足不同行业的需求，具有广泛的应用前景，图 9-14 为包装袋。

图 9-14　包装袋

①包装竹纤维非织造布用手工缝制，与聚乳酸混纺后可进行超声波热黏合焊接。

②节省原料和人工成本。

③黏合不掉屑起毛，保持产品美观，有较好的柔软透气性、强度。

④绿色可降解，低碳生活。

9.3.4　水刺工艺存在的问题及应对措施

9.3.4.1　存在的问题

在水刺过程中，过高的水刺压力或不合理的水流分布可能导致纤维损伤，使无纺布的强度下降。

梳理过程中纤维分布不均匀或水刺时水流不均匀，可能导致非织造布的厚度和性能出现不均匀现象。例如，聚乳酸纤维具有脆性且熔点较低的特点，在梳理环节易出现粘辊问题，这使梳理成为聚乳酸短纤非织造布成网工艺的难点之一。无论是加工聚乳酸短纤水刺非织造布、针刺非织造布还是热风非织造布等产品，均存在此类困扰。

聚乳酸纤维在烘干过程中可能会发生收缩，影响非织造布的尺寸稳定性。

9.3.4.2　应对措施

解决纤维损伤的措施是合理调整水刺压力和水流参数，并根据纤维的特性选择合适的水刺设备和工艺条件。

为解决非织造布均匀性差的问题，需要针对性地优化梳理工艺，通过调整梳理设备参数、选用适配的针布材质等方式，减少纤维黏连，保证纤维网的均匀性；同时调整水刺设备的喷头结构和水流分布，以此提高非织造布的均匀性。

为解决烘干过程中非织造布易收缩的问题，须精准控制烘干参数：烘干温度宜设定在 60~70℃，此温度区间既能保证水分有效蒸发，又能避免聚乳酸纤维因高温软化而收缩；烘干时间需根据非织造布厚度和含水率灵活调整，通常每毫米厚度烘干 3~5min。在设备选择上，建议采用网带式热风循环烘干机，其均匀的热风分布可减少局部收缩差异。此外，在烘干前对非织造布进行预拉伸处理，拉伸率控制在 3%~5%，能有效释放内部应力，降低烘干收缩率。在实际生产中，还需通过多次测试确定最佳工艺参数组合，以确保产品尺寸稳定性达标。

通过对水刺工艺中聚乳酸纤维的基本要求、生产工序以及应用场景的深入剖析，结合聚乳酸纤维特性，有针对性的优化各环节工艺。如针对烘干收缩问题细化温度、时间等具体参数，可有效解决生产过程中出现的实际问题，显著提高生产效率和产品质量，充分发挥聚乳酸纤维优势，生产出满足不同领域需求的高质量水刺聚乳酸非织造布产品。

9.4　针刺工艺

针刺工艺通过机械缠结纤维形成非织造材料，能够充分利用聚乳酸的可降解性，从而减少对环境的影响。针刺工艺通过数千枚特制针钩对纤维层进行反复穿刺，利用机械缠结力实现纤维三维固结，全程无须化学黏合剂，这种纯物理加工方式不仅规避了传统黏合剂可能带来的挥发性有机物残留及回收污染问题，更与聚乳酸生物基可降解特性形成协同优势，进一步增强了材料的环保性。

聚乳酸纤维具有良好的强度和韧性，针刺工艺通过纤维的机械缠结，能够形成具有较高强度和尺寸稳定性的非织造材料。针刺后的聚乳酸非织造材料具有良好的透气性和柔软性，适用于多种应用场景。

聚乳酸纤维具有较好的耐化学性，使材料在接触化学物质时不易发生降解或损坏。此外，聚乳酸的非织造材料在针刺过程中不会引入有害化学物质，确保了材料的纯净性和安全性。

9.4.1 针刺工艺流程

聚乳酸非织造布的生产主要采用长丝直接成网和短纤维成网两种针刺工艺路线。对于 $150\mathrm{g/m^2}$ 以上的厚型纤网，针刺固结是常用的加工方法。

在长丝直接成网工艺中，经过干燥处理的聚乳酸切片通过螺杆挤出机熔融挤出，经喷丝板纺丝后形成长丝，在冷却牵伸和摆丝铺网后形成纤网。成网帘下方的吸风装置产生负压，使纤网均匀稳定地通过预刺机进行初步缠结，再进入主刺机完成最终固结。经固结的聚乳酸长丝非织造布，根据用户要求的幅宽、卷长分切成卷，包装出厂。其基本工艺过程为：

聚乳酸切片→干燥→螺杆熔融挤出→过滤→计量→纺丝→空气冷却→气流牵伸→分丝铺网→预针刺→主针刺→分切成卷→成品

聚乳酸短纤维首先需进行开松、混合处理，使纤维充分分散并均匀混合。随后通过梳理机梳理成单纤维状态，形成均匀的纤维网。利用气流或机械方式将纤维网均匀铺放，再进行预针刺和主针刺固结。在针刺过程中，同样要控制好针刺深度和针刺密度，避免纤维损伤并保证产品强度。经过针刺固结后，根据需求进行分切、包装。

在针刺工艺控制方面，针刺深度应根据产品要求而定，过深会刺伤纤维，过浅则固结不足。针刺密度可根据式（9-1）进行计算。

$$D_n = \frac{Nf}{10000V} \tag{9-1}$$

式中：D_n——针刺密度，$\mathrm{P/cm^2}$；

N——植针密度，$\mathrm{P/m}$；

f——针刺频率，$\mathrm{P/min}$；

V——纤网速度，$\mathrm{m/min}$。

实际生产中需要平衡针刺密度与产品强度的关系。适当提高针刺密度能增强纤维缠结度，但密度过大会导致纤维断裂增多，从而降低产品强度，因此需要通过试验确定最佳工艺参数。

9.4.2 产品应用领域

（1）卫生用品领域

聚乳酸非织造材料在卫生用品领域具有广阔的应用前景，如一次性卫生巾、尿布、湿巾等。针刺工艺能够提供柔软、透气的材料，满足卫生用品对舒适性和环保性的要求。随着消费者对环保产品的需求增加，聚乳酸非织造材料在该领域的应用将进一步扩大。

（2）过滤材料领域

针刺工艺能够形成具有高孔隙率和均匀结构的非织造材料，适用于空气过滤、液体过滤等领域。聚乳酸材料的可降解性使得其在一次性过滤材料中具有独特优势，尤其是在需要环保处理的过滤应用中。

（3）农牧业以及园林种植领域

聚乳酸针刺非织造材料可用于生产制作除草布、包草布以及各种规格的种植袋等。具体来看，在土壤接触相关应用中，聚乳酸纤维的生物降解性是一大优势，其有助于减少传统不可降解材料对自然生态造成的污染。聚乳酸纤维具有很好的透气性能，在实际应用中，聚乳酸纤维良好的透气性可以有效保持土壤和结构的通气性，促进植物健康和土壤稳定，图9-15 为聚乳酸针刺无纺布种植袋，图9-16 为除草布。

图 9-15　聚乳酸针刺无纺布种植袋　　　　　　图 9-16　除草布

（4）土工布合成材料

聚乳酸针刺非织造布有一定的厚度，强度大，耐摩擦，柔韧性好，具有良好的渗透、过滤、隔离性能，是土工布合成材料的理想基质，可用于边坡治理、公路、铁路、堤坝、围垦等工程的反滤、隔离排水养护等。聚乳酸纤维具备较好的导湿性，在土工布的相关应用中，透水性好，可以在一定程度上实现过滤、反渗效果，如图9-17 为针刺非织造布。

（5）装饰材料

聚乳酸针刺非织造布表面丰满、质地紧密柔软、保暖透气性好、隔音减震，因此多用于汽车内饰材料和室内装潢材料，如地毯与墙布等，如图9-18为针刺非织造地毯。

图9-17　针刺非织造布

图9-18　针刺非织造地毯

9.4.3　针刺工艺存在的问题及应对措施

9.4.3.1　存在的问题

（1）生产工艺难题

聚乳酸纤维的熔点较低，针刺过程中容易因温度控制不当导致纤维熔融或断裂，影响材料的均匀性和强度。此外，聚乳酸纤维的静电问题也会影响针刺工艺的稳定性，导致生产效率下降。

（2）产品性能局限

聚乳酸非织造材料因其优异的生物可降解性和良好的物理机械性能，在医疗、包装等领域得到广泛应用。然而，该材料在部分高性能应用场景中仍面临一定挑战。在耐热性方面，聚乳酸的玻璃化转变温度（T_g）为55～60℃，熔点（T_m）为160～180℃，这使其在高温环境中的尺寸稳定性和力学保持率相对有限。此外，虽然针刺工艺可显著提升聚乳酸非织造布的拉伸强度和结构完整性，但其摩擦系数和耐磨性仍较涤纶、尼龙等合成纤维略逊一等，在长期机械摩擦工况下可能出现表面起毛或纤维脱落现象。

但聚乳酸的耐温性并非针刺工艺的固有缺陷，而是材料本身特性所致。未来随着聚乳酸改性技术的发展，其在高温过滤、电子绝缘等领域的应用潜力有望进一步拓展。

9.4.3.2　应对措施

（1）工艺改进方向

针对聚乳酸纤维的低熔点特性，可以通过改进针刺设备的温控系统，确保针刺过程中温度稳定，进而避免纤维熔融或断裂。此外，采用抗静电剂或改进纤维表面处理技术，可减少静电对生产效率的影响。

（2）性能提升途径

通过与其他传统合成纤维（如聚酯纤维、聚丙烯纤维）混纺，可以显著改善聚乳酸非织造材料的耐热性和耐磨性。此外，针刺工艺可以通过调整针刺密度和深度，进一步提升材料的强度和耐用性；还可以通过后处理工艺，如热压、涂层等提升材料的综合性能。

9.5　热风工艺

聚乳酸热风非织造布是以皮芯结构的聚乳酸短纤维为原料，通常皮层为低熔点聚乳酸，如 L-乳酸无规共聚物；芯层为高熔点聚乳酸，如纯 L-乳酸均聚物，即聚乳酸热黏合纤维。短纤维在梳理成网后，利用烘燥设备上的热风穿透纤网，其余仍保留纤维状态，使皮层部分熔融而起到黏连的作用，从而形成的具有一定强度和厚度的材料。

聚乳酸热风非织造布在生产过程中不需要添加额外的化学黏合剂，且皮芯型结构的纤维，皮层熔点低且柔软性好；芯层熔点高、强度高，使非织造布具有蓬松、柔软的特点。又得益于聚乳酸非织造布可生物降解、抑菌、良好的生物相容性、回弹性高、低反潮的优势，可广泛应用于卫生材料、保暖填充材料、过滤材料等领域。

聚乳酸纤维需耐受热风工艺的固化温度，通常为 100~150℃，其玻璃化转变温度（T_g）需高于加工温度，避免纤维软化塌陷。纤维表面须具备适度粗糙度，以增加热熔黏合接触面积，提升界面结合强度。

热风工艺通过热熔黏合替代化学黏合剂，与聚乳酸的可降解性完美兼容。材料生产过程中无挥发性有机物（VOC）释放，符合食品级与医疗级安全标准。

9.5.1　热风工艺流程

第一步是纤网制备，聚乳酸纤维经混合、开松后形成均匀纤网，克重范围通常为 30~200g/m²。第二步是热风穿透黏合，纤网通过热风烘箱，高温气流穿透纤网使纤维表层熔融并相互黏合。第三步是冷却定型，黏合后的材料经冷却辊快速定型，锁定纤维网络结构。最后一步是功能化处理，根据需求进行拒水、抗静电或抗菌后处理，分切后包装成品，图 9-19 为热风工艺场景图。

该技术的难点是烘箱导流板的设计：要求热风均匀分布确保气流在纤网宽度方向分布均匀，避免局部过熔或黏合失效。在尺寸稳定性控制方面，聚乳酸纤维受热易收缩，需通过张力控制与冷却速率调节维持产品幅宽一致性。

图 9-19　热风工艺场景图

9.5.2　产品应用领域

（1）卫生用品表层材料

苏州易生有限公司的聚乳酸热风非织造布产品克重为 $20\sim45g/m^2$，可以应用于制作纸尿裤、卫生巾等产品的面层底层以及热风棉等。

热风黏合产品具有蓬松度高、弹性好、手感柔软、保暖性强、透气透水性好等特点。随着市场的发展，热风黏合产品以其独特的风格被广泛应用于用即弃产品的制造，如婴儿尿布、成人失禁垫、妇女卫生用品以及餐巾、浴巾、一次性桌布等；厚型产品用于制作防寒服、被褥、婴儿睡袋、床垫、沙发垫等。高密度的热熔黏合产品，可用于制作过滤材料、隔音材料、减震材料等。

聚乳酸纤维及其热风非织造布产品具备较好的生物相容性、干爽透湿性、抑菌除臭性和生物降解性，一方面能很好地满足医疗和卫生用品的亲肤舒适、抑菌无味的要求，另一方面其生物降解性能解决一次性医疗和卫生用品导致的"白色污染"问题。

聚乳酸双组分纤维的特性使热风非织造布等产品加工方法更加灵活，热风非织造布仅通过表面低熔点部分聚乳酸的熔融而保持内层高熔点的稳定形态，使产品获得优异手感、蓬松质感而不会变形。双组分聚乳酸热风非织造布凭借其独特的性能可适用于更多领域，且下游市场需求强劲，图 9-20 为热风非织造布及其制作的卫生用品。

（2）农业育苗基布

在农业领域，热风工艺非织造布被开发用作可降解地膜或育苗基布。与传统塑料地膜相比，聚乳酸地膜可通过调控厚度与降解速率，在作物生长周期内提供保温、抑草的作用，

图 9-20　热风非织造布及其制作的卫生用品

随后自然分解为二氧化碳和水，避免土壤板结与微塑料污染。育苗基布则用于种子固定与保湿，其多孔结构可促进根系透气和水分均匀分布，移栽后基布直接降解于土壤，减少人工清理成本。未来还可拓展至温室覆盖材料，利用其透光性与保温性优化作物生长环境，图 9-21 为农业育苗基布。

图 9-21　农业育苗基布

（3）家居装饰材料

热风工艺聚乳酸非织造布在家居领域的应用日益增多。例如，环保墙纸采用热风布作为基材，通过压纹或染色工艺模拟天然纤维质感，兼具防火、防霉的功能，符合绿色建筑认证要求。家具衬垫材料则利用其蓬松结构与吸音特性，用于沙发填充或隔音板材，替代传统聚氨酯泡沫，减少室内 VOC 释放。此外，可降解窗帘和桌布等家居软装产品也逐步采用热风工艺，迎合消费者对可持续生活方式的需求。

9.5.3　热风工艺存在的问题及应对措施

9.5.3.1　存在的问题

（1）黏合强度不足

热风工艺依赖纤维表层熔融实现黏合，界面结合力远低于针刺或水刺的机械缠结。聚乳酸的低熔点特性虽有利于低温加工，但熔融层较薄且易脆化，导致材料在反复弯折或拉伸时易发生层间剥离。例如，在卫生用品应用中，热风布作为表层材料可能因长期摩擦或液体渗透出现分层问题，进而影响产品使用寿命。此外，在高温高湿环境下，聚乳酸纤维的吸湿性会加速界面水解，进一步削弱黏合强度。

（2）湿度敏感性

聚乳酸纤维吸湿性较涤纶等合成纤维强，其平衡含水率为 $0.4\% \sim 0.6\%$，若原料干燥不充分或环境湿度过高，纤网含水率上升将显著降低热熔效率。水分在高温下汽化形成蒸汽屏障，阻碍纤维间熔融接触，导致局部黏合失效。这一问题在雨季或高湿度地区尤为突出，需额外增加除湿设备，但提高了生产成本。此外，吸湿后的纤维在热风作用下易发生水解降解，分子链断裂导致最终产品力学性能下降。

（3）能耗与效率矛盾

聚乳酸的热敏感性要求精确控温，稍有偏差即可能导致纤维过度熔融形成硬块或黏合不足而使结构松散，迫使设备频繁启停以调整参数，严重制约连续化生产节奏。例如，在宽幅纤网加工中，烘箱边缘区域因热量散失需额外升温补偿，导致能耗进一步上升，而降低风速虽可节能，却可能引发纤网飘动，造成厚度不均。

9.5.3.2　应对措施

（1）纤维表面改性

等离子体活化即通过低温等离子处理增加纤维表面极性，提升熔融态黏附力。生物基涂层即在纤维表面涂覆低熔点生物聚合物（如聚羟基脂肪酸酯PHA），降低黏合温度需求。

（2）复合工艺创新

通过预刺增强工艺，先对纤网进行轻度针刺形成缠结点，再经热风黏合提升整体强度。还可以通过多层梯度设计工艺，交替铺放不同熔点纤维层，利用温度梯度实现分层黏合，增强材料耐久性。

（3）设备与工艺优化

为降低能耗，提高生产效率，可以分区温控烘箱，根据纤网厚度分区域调节热风温度，实现精准能量输入。将热风进行循环利用，通过热交换器回收烘箱排气余热，预热新鲜空气以降低能耗。

9.6　热轧工艺

热轧非织造材料是通过加热的轧辊将纤维网中的纤维加热并压合，形成具有一定强度的非织造布。热轧非织造布在日常生产生活中的应用十分广泛。聚乳酸热轧非织造布的应用优势仍然在于其生物相容性以及生物降解性，同时，在相关物理性能方面，聚乳酸热轧非织造布在实际应用中也有较为优异的表现效果。

聚乳酸纤维具有适宜的热塑性，在热轧温度 $130\sim160℃$ 下可熔融黏合，同时保留足够的断裂强度以承受轧辊压力。纤维细度须均匀，避免因直径差异导致黏合界面强度不均。

9.6.1　热轧工艺流程

热轧工艺流程为：

纤维—开松混合—梳理—气流成网—机械成网—预热—热轧—冷却—压光—印花—抗菌处理

开松混合：将聚乳酸纤维与其他纤维（如涤纶、粘胶等）混合开松，确保纤维均匀分散。

梳理：通过梳理机将纤维梳理成单纤维状态，形成均匀的纤维网。

气流成网：利用气流将纤维均匀铺成网状。

机械成网：通过机械方式将纤维均匀铺成网状。

预热：将纤维网预热至适当温度，使纤维表面软化。

热轧：通过热轧辊对纤维网进行加压加热，使纤维表面熔融并相互黏合，形成非织造布。

冷却：对热轧后的非织造布进行冷却定形，稳定其结构。

压光：通过压光机对非织造布进行压光处理，提高其表面光滑度和强度。

印花：根据需要进行印花处理，增加美观性。

抗菌处理：对非织造布进行抗菌处理，提高其卫生性能。

热轧工艺存在压力温度协同调控的技术难点，需平衡轧辊温度与线压力，避免过度熔融导致孔隙封闭或材料脆化。花纹适配性设计，如复杂花纹可能导致局部黏合不足，需根据纤维特性优化轧辊雕刻深度与图案分布。

9.6.2　产品应用领域

（1）汽车与交通领域

热轧聚乳酸非织造布在汽车内饰中的应用逐步增多。例如，车门板吸音层采用热轧材料，通过调控孔隙率降低噪声，且不含甲醛等有害物质，提升了车内空气质量。座椅靠背衬垫则利用其弹性与可降解性，满足欧盟报废车辆指令（ELV）法规对汽车材料回收率的要求。未来还可开发车用过滤系统，如空调滤芯的支撑层，结合聚乳酸抗菌性，延长滤芯使用寿命，图9-22为汽车内饰板。

图9-22　汽车内饰板

（2）包装领域

热轧工艺赋予聚乳酸非织造布优异的密封性与挺度，使其成为食品包装领域的理想选择。例如，咖啡胶囊的外包装（图9-23）采用热轧布，既能阻隔氧气和湿气，又可在堆肥条件下快速降解，解决传统铝塑复合包装回收难题。热轧包装袋（图9-24）则利用热轧材料的耐热性，其短期耐受120℃蒸汽灭菌，替代含氟涂层的塑料包装，避免有毒物质迁移风险。未来还可开发智能包装，通过热轧布表面印刷温敏标签，实时监控食品新鲜度。

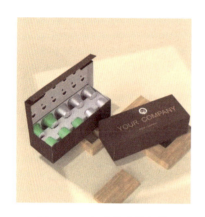

图9-23　咖啡胶囊外包装

图9-24　热轧包装袋

聚乳酸热轧/光面非织造布克重20~200g/m²，幅宽7~220cm。其具有以下产品优势：

（1）强度高，耐磨性强

热轧工艺使得纤维交错、紧密，因而非织造布的强度较高，具有较好的耐磨性，适用于多种应用场景。

（2）透气性好

由于其是通过热轧工艺制成，因此热轧非织造布通常具有良好的透气性，有利于空气和水汽的流通。

（3）柔软性好

热轧非织造布手感柔软，触感舒适，适用于直接接触皮肤的产品，如纸尿裤、卫生巾、湿巾等。

（4）吸水性强

热轧非织造布的纤维交错结构使得其具有较强的吸水性，常用于制作吸水性产品，如湿巾、抹布等。

（5）抑菌、无毒、无刺激致敏性

聚乳酸由乳酸而来，乳酸是人体内源性物质，且纤维 pH 与人体几近一致，使聚乳酸纤维具有良好的生物相容性，和肌肤有极佳的亲和性、无致敏性，产品安全性能好，天然抑菌性能，防霉防臭。

（6）环保性好

聚乳酸热轧非织造布使用可再生植物资源为原料制成，一方面可以减少对石化资源的利用，另一方面聚乳酸材料具备较好的生物降解性，可以实现工业堆肥降解，减少污染。

聚乳酸热轧非织造布主要用于医疗卫生（口罩、手术衣、尿布）、环保包装（食品袋、快递袋）、农业（地膜、育苗基材）、家居用品（湿巾、清洁布）及工业（过滤材料）等领域。其可降解、抑菌、透气等特性契合环保趋势，尤其适合一次性产品，图 9-25 为热轧非织造布。

图 9-25　热轧非织造布

9.6.3　热轧工艺存在的问题及应对措施

9.6.3.1　存在的问题

（1）热收缩与形变

聚乳酸纤维在受热时易发生收缩，这对热轧工艺的尺寸控制提出严峻挑战。在连续化生产中，纤网经轧辊加热后若冷却速率不足，残余应力会导致材料在卷绕或存储过程中持续收缩，造成最终产品幅宽波动或花纹变形。例如，在汽车内饰材料生产中，热轧布的花纹对齐精度需控制在 1mm 以内，但热收缩引发的尺寸偏差可能导致装配困难。此外，聚乳酸的吸湿性会加剧这一问题，环境湿度变化时，纤维吸湿膨胀或干燥收缩进一步影响尺寸稳定性，尤其在温湿度波动较大的地区，需额外投入恒温恒湿设备以维持生产环境的稳定。

（2）界面结合脆弱

热轧工艺依赖纤维接触点的熔融黏合，其界面结合力远低于针刺或水刺的机械缠结。聚乳酸熔体黏度较高，流动性和浸润性较差，导致熔融区域仅局限于纤维表层，难以形成深度的机械互锁结构。在动态负载场景，如包装袋反复开合或汽车内饰长期振动中，界面易发生疲劳断裂，表现为层间剥离或起毛。例如，在可降解快递袋应用中，热轧材料的封边强度难以满足重物运输需求，需通过复合其他材料（如纺粘布）弥补强度缺陷，但这会增加成本与工艺复杂度。此外，聚乳酸的降解特性可能在生产阶段提前显现，若热轧过程中分子链因高温发生热裂解或氧化断裂，材料的耐久性将进一步下降。

（3）生产效率瓶颈

由于热轧工艺对温度敏感性高，当设备升降温周期长，频繁更换产品规格时需停机调整参数，严重制约连续化生产效率。以一条标准热轧产线为例，更换轧辊花纹需耗时 30~60min，期间能耗浪费与产能损失显著。此外，聚乳酸的热稳定性差，高温停留时间过长易导致分子链降解，迫使工艺必须在"快速加工"与"质量控制"间权衡，提高生产速度可能牺牲黏合均匀性，而降低速度则增加能耗成本。

9.6.3.2 应对措施

（1）原料共混与改性

低熔点共混物添加：与聚己内酯（PCL）共混降低黏合温度，拓宽加工窗口。

纤维异形化设计：采用中空或三叶形截面纤维，增加熔融接触面积以提升黏合强度。

（2）工艺参数优化

动态温度补偿：根据纤网克重实时调整轧辊温度，补偿边缘热量散失。

多级轧合工艺：采用多组轧辊分阶段施加压力，逐步增强界面结合力。

9.7 湿法工艺

湿法非织造工艺与造纸工艺极具相近性。聚乳酸纤维湿法非织造工艺是一种以聚乳酸纤维为原料，结合湿法非织造工艺制造纸状材料的技术。其工艺过程为：将置于水介质中的聚乳酸纤维原料开松成单纤维，同时使不同纤维原料混合，制成纤维悬浮浆，悬浮浆输送到成网机构，纤维在湿态下成网再加固成布。

聚乳酸作为生物基可降解材料的代表，其原料特性直接决定了湿法非织造工艺的可行性与成品的性能。玉米、甘蔗等可再生资源作为湿法非织造工艺原料，其生物基属性与传统木浆形成鲜明对比，减少对森林资源的依赖。聚乳酸纤维的可降解性确保湿法非织造工艺产品废弃后可通过堆肥或自然降解回归生态循环，避免传统造纸工艺中化学漂白剂和填料的污染问题。

聚乳酸纤维具有适中的长度（3~15mm）和细度（1.5~3dtex），能够与木浆等混合，形成均匀的纤维网络。其疏水性可通过表面改性调整为亲水性，以适应不同纸品的需求。此外，聚乳酸纤维的天然抗菌性可减少纸张霉变风险，延长存储寿命。

9.7.1　湿法工艺流程

为避免熔融黏连，要求聚乳酸纤维需经过干燥处理以降低含水率，其含水率通常≤0.1%。对于短纤维，须通过机械开松确保分散均匀性，长丝纤维则可直接切段后使用。

聚乳酸纤维与木浆或再生纤维按比例混合，经水力碎浆机分散为悬浮液。浆料通过流浆箱均匀分布至成型网，脱水后形成湿纸页。湿纸页经压榨辊脱水，再通过热风干燥箱定形，温度 80~120℃，避免聚乳酸纤维热变形。根据需求进行压光、涂布或浸渍处理，提升纸张强度或功能特性，图 9-26 为造纸工艺机器。

图 9-26　造纸工艺机器

9.7.2　产品应用领域

（1）食品包装

聚乳酸纤维原料来源于可再生植物，作为经过认证的食品安全材料，聚乳酸纤维可广泛应用于各类食品、药品以及部分要求较高的生活场景用纸需求。以茶包、咖啡过滤纸应用为例，将其直接放入热水中，无有害物质析出，对人体更加友好。

以茶包应用为例，全球每天会消耗大量一次性茶包袋，基于传统材料制作的茶包袋降解周期十分漫长，会给自然生态带来较大的压力。但基于聚乳酸材料制作的茶包或其他制品则具备较为优异的生物降解性，图 9-27 为聚乳酸湿法非织造茶包。

图9-27 聚乳酸湿法非织造茶包

聚乳酸纤维通常以一定比例与木浆纤维等一起混用，有时也会添加纳米纤维，进行造浆造纸。聚乳酸在其中主要起到黏合增强的作用，通过热温将其他纤维匀连，以达到构架、增强的作用。另外，通过调整浆料配比和处理方式，可满足不同场景的差异化需求。

短切聚乳酸纤维本质上具有疏水性，纤维在水中分散性能较差，易絮聚。但经过研发测试，在浆料中加入定制化的、经过油剂处理后的3~6mm超短聚乳酸纤维，可以明显提高和其他纤维素纤维在抄浆过程中的分散性，减少纤维抱团、结块的现象，提高整体均匀度，保证纸业的性能稳定。

除了茶叶滤纸外，聚乳酸纤维湿法非织造织物也可以应用于中药包滤纸、咖啡滤纸、其他食品包装用纸以及特种纸领域。

（2）医用包装

聚乳酸纤维作为新型湿法非织造原料，为传统造纸工业提供了绿色升级路径。在特种功能纸领域，聚乳酸纤维与木浆或再生纤维共混成形，显著提升纸张的抗张强度、耐折度等力学性能与阻水阻氧、可降解性等功能特性。例如，医用包装纸通过添加聚乳酸纤维，不仅增强抗撕裂强度，还赋予纸张天然抑菌性，可替代含氟涂层的灭菌包装材料，避免有毒物质迁移风险。

（3）农用覆膜

聚乳酸复合纸的降解周期与农作物生长周期匹配，可替代PE地膜减少"白色污染"。开发可降解地膜纸，将聚乳酸纤维与植物纤维复合，形成可降解纸膜，兼具保墒、透气与缓释肥料功能，在土壤中自然分解后转化为肥料成分，实现农业生产的循环可持续。然而，聚乳酸地膜多为塑料吹塑产品，目前聚乳酸非织造产品应用相对较少。

（4）高端装饰用纸

在高端文化用纸领域，聚乳酸纤维的平滑表面与耐老化特性被用于书画纸或档案纸生产，提升纸张抗皱性与耐久性，同时确保废弃纸张可通过工业堆肥处理，避免焚烧污染。此外，还可用于环保墙纸或礼品包装，通过染色与压纹工艺展现独特质感，契合绿色消费趋势。

9.7.3　湿法非织造工艺存在的问题及解决措施

9.7.3.1　存在的问题

（1）原料端

聚乳酸纤维与木浆的界面相容性差，易导致纸张分层或强度不均；聚乳酸的疏水性（接触角>100°）也限制了其与亲水性木浆的均匀混合。这一矛盾源于两种材料分子结构的根本差异：木浆纤维含有大量羟基，可形成氢键网络，而聚乳酸纤维主链为酯基，表面极性低且结晶度较高，一般为 40%～60%。

（2）工艺端

第一，纤维分散与均匀成形的控制难度较高，尤其在使用短纤维或混合纤维时易出现絮聚、分布不均等问题，影响产品均匀性和力学性能；第二，脱水与干燥过程的能耗效率低下，传统工艺依赖大量水资源和热能，导致成本攀升及环境压力较大，同时高温干燥可能引发纤维收缩或结构变形；第三，生产速度与连续化生产的稳定性不足，设备易受纤维堵塞或断纸干扰，影响规模化效率；第四，环保法规趋严，对废水处理提出更高要求，湿法工艺产生的含化学助剂废水需复杂处理流程，且可再生/可降解纤维的适配性仍待突破，如生物基纤维的强度保留与工艺兼容性问题。

（3）产品性能局限

聚乳酸复合纸的降解速率与木浆不匹配，在自然环境中可能出现聚乳酸残留碎片，难以完全降解。纯聚乳酸纤维纸张挺度不足，难以替代包装用牛皮纸；其降解速率在潮湿环境中可能过快，影响使用寿命。

9.7.3.2　应对措施

（1）原料优化

通过等离子体处理或硅烷偶联剂改性聚乳酸纤维表面，引入羟基（—OH）或氨基（—NH$_2$）等活性基团，提升其与木浆的界面结合力；添加纳米纤维素（CNF）作为增强相，可同时提高纸张的拉伸强度和降解均匀性。

（2）工艺创新

开发低温高效干燥技术，如红外辐射干燥，将干燥温度控制在 50℃ 以下，避免聚乳酸纤维热变形；采用超声波辅助碎浆工艺，促进聚乳酸纤维与木浆的均匀分散；在纤维分散与成形环节，通过优化制浆工艺参数如浓度、搅拌速率，引入高效分散剂或纤维表面改性技术，结合多层成型器与动态流浆箱设计，提升纤维分布均匀性；在环保方面，可采用闭路水循环系统、高效膜过滤技术及生物降解助剂降低废水污染，并研发适配湿法工艺的生物基纤维预处理技术以提升其强度保留率。

（3）装备升级

引入模块化双螺杆挤出机，支持聚乳酸熔融纺丝与木浆预处理同步进行；造纸机加装在线质量监测系统，如近红外光谱仪，可实时检测纸张的聚乳酸分布均匀性；采用闭环水循环系统，集成超滤膜技术，实现废水微纤维回收与再利用；新一代双螺杆系统采用同向啮合设计，在熔融段（180℃）和木浆改性段（80℃）之间设置隔热屏障，实现聚乳酸与木浆的在线复合；针对脱水与干燥能耗问题，开发高真空度脱水装备、阶梯式压榨技术及余热回收系统，同时探索低温干燥或联合微波干燥技术以减少热能损耗；通过智能化控制系统集成在线传感器如浓度、湿度监测与自适应调节算法，增强设备运行稳定性，减少断纸和堵塞问题。

第 10 章　聚乳酸纤维的应用

10.1　聚乳酸纤维在服饰领域的应用

10.1.1　成衣应用举例

（1）婴幼儿服饰

应用季节：四季

品类：婴儿连体衣、睡袋/襁褓、口水巾/围嘴、防晒服、婴儿袜

成分：50%聚乳酸+50%棉

克重：190g/m²

纱支：50 英支 混纺纱

面料组织结构：双面棉毛布

产品特点与优势：

①聚乳酸纤维具有亲肤、柔软、抑菌的特性，制成的婴幼儿服饰安全舒适，可减少过敏风险。

②天然抑菌、弱酸性、高弹透气。

婴幼儿用聚乳酸面料及服饰如图 10-1 所示。

图 10-1　婴幼儿用聚乳酸面料及服饰

（2）内衣

应用季节：四季

品类：抗菌家居内衣、运动背心、文胸、保暖内衣

成分：27%聚乳酸+27%棉+36%莫代尔+10%氨纶

克重：210g/m²

纱支：（50英支）混合纤维+（20旦）氨纶

面料组织结构：汗布（混纺）

产品特点与优势：

①其良好的透气性和抑菌性能，使聚乳酸纤维成为内衣的理想材料，穿着舒适，保持干爽。

②天然抑菌、弱酸性、吸湿排汗、透气环保。

聚乳酸面料及内衣如图10-2所示。

图10-2　聚乳酸面料及内衣

（3）家居服

①薄款睡衣。

应用季节：春夏季

成分：56%聚乳酸+44%莫代尔

②厚款睡衣。

应用季节：秋冬季

成分：52%聚乳酸+27.5%棉+16.5%莫代尔+4%氨纶

家居服如图10-3所示。

图 10-3　家居服

（4）T 恤系列

①T 恤。

应用季节：春夏季

成分：63.3%聚乳酸+36.7%棉

②圆领衫。

应用季节：春夏季

成分：60%聚乳酸+32%莫代尔+8%氨纶

T 恤和圆领衫如图 10-4 所示。

图 10-4　T 恤和圆领衫

③圆领 T 恤。

应用季节：全年

成分：30%聚乳酸+70%粘胶纤维

说明：30%聚乳酸与 70%粘胶的混纺样品对常见细菌抑菌率超 80%

产品特点与优势：混纺后不仅能提升产品吸湿透气与导湿速干性能，还能增强抑菌效果，从抑菌卫材到环保包装，再到亲肤服装，全方位满足市场需求。

圆领 T 恤如图 10-5 所示。

图 10-5　圆领 T 恤

（5）衬衫系列

①针织衬衫。

应用季节：四季

成分：77.1%聚乳酸+22.9%莫代尔

②长丝衬衫。

应用季节：四季

成分：50%聚乳酸+50%棉

衬衫如图 10-6 所示。

图 10-6　衬衫

（6）运动服系列

①薄款圆领衫。

成分：48%聚乳酸+33%莫代尔+19%聚酯纤维

②厚款卫衣。

成分：51.9%聚乳酸+48.1%棉

③运动三件套（双面网眼款）。

成分：75%聚乳酸+25%莫代尔

运动服如图 10-7 所示。

图 10-7 运动服

（7）西服外套系列

①西装上衣。

成分：40%聚乳酸+60%羊毛

②中长款大衣。

成分：50%聚乳酸+50%羊毛

西装上衣及中长款大衣如图 10-8 所示。

图 10-8 西装上衣及中长款大衣

（8）毛衫系列

①羊毛衫。

成分：50%聚乳酸+50%羊毛

②羊绒衫。

成分：50%聚乳酸+50%羊绒

羊毛衫及羊绒衫如图10-9所示。

图10-9　羊毛衫及羊绒衫

说明：羊毛保暖亲肤但存在易变形等缺陷，聚乳酸纤维与之混纺实现优势互补。

产品特点与优势：

①混纺面料兼具保暖与快干特性，抑菌抗螨，适用于贴身衣物。

②提升服装挺括感，降低成本，无论是针织衫还是西装面料，都展现出卓越性能。

（9）工装

应用季节：四季

品类：高可视反光工装服、防腐蚀连体服、抗污厨师服、防晒透气冲锋衣、抗静电洁净服

成分：50%聚乳酸+50%棉

克重：235g/m²

纱支：（32英支）棉+（150旦）聚乳酸

面料组织结构：斜纹机织布（外层为棉，里层为聚乳酸）

产品特点与优势：

①聚乳酸纤维具有导湿排汗、祛异味、抗紫外线等特性，可用于制作工装，提供防护功能。

②环保、抑菌透气、抗紫外线。

聚乳酸面料及工装如图10-10所示。

（10）校服

应用季节：四季

图 10-10 聚乳酸面料及工装

品类：夏季运动校服、春秋季正装校服、冬季冲锋校服、幼儿园园服

成分：50%棉+50%聚乳酸

克重：240g/m²

纱支：50 英支

面料组织结构：双面空气层（表面为棉，连接处和里层为纯聚乳酸）

产品特点与优势：

①聚乳酸纤维尺寸稳定性好，易打理，适合制作校服，兼具美观和耐用性。

②其吸湿快干、速干的特点，使聚乳酸纤维广泛应用于运动服，可提升运动体验。

③天然抑菌、弱酸性、高弹透气、环保。

聚乳酸面料及校服如图 10-11 所示。

图 10-11 聚乳酸面料及校服

（11）袜类

应用季节：四季

品类：运动袜、商务袜、户外徒步袜、儿童袜

成分：37%聚乳酸+51%棉+9%聚酯纤维+3%氨纶

克重：46g/双

纱支：（30英支）70棉/30聚乳酸+（50旦）聚乳酸+（20旦）氨纶

面料组织结构：罗纹与提花结合、混纺，采用无缝编织

产品特点与优势：

①聚乳酸纤维制成的袜子具有抑菌、防臭功能，保持脚部干爽舒适。

②天然抑菌、弱酸性、高弹透气、环保、防臭。

聚乳酸袜子如图10-12所示。

图10-12　聚乳酸袜子

10.1.2　成衣生产工序的注意事项

（1）裁剪

排料时，注意面料的纹路方向，确保衣片的方向正确，避免影响服装的外观和性能。铺料时要保持布面平整，张力均匀，防止面料拉伸或起皱，影响裁剪精度。使用锋利的裁刀，确保裁剪边缘光洁顺直。注意控制裁刀的温度和速度，避免因裁刀与面料之间剧烈摩擦生热导致的裁刀高温使面料边缘出现变色、发焦或粘连，建议裁刀温度低于60℃，裁剪设备保持较低速度，可适当减少铺布层数。

（2）缝制

应选用表面光滑、带有涂层且降温较快的陶瓷机针或特氟龙机针，避免因设备高速运转、机针与面料反复摩擦导致的高温使面料出现熔融、破洞等损伤；平缝机应表面用聚四氟乙烯涂层处理，以减少针的发热，减小与缝料的摩

擦。缝纫机转速应调低，以防止缝制过程中出现高速熔融和缝线伸长回复不完全的问题。

（3）熨烫定形

低温蒸汽熨烫建议使用挂烫机非接触式熨烫，以避免高温熨烫导致的面料受损。熨烫定形温度应控制在120℃左右，不可开蒸汽，要减轻熨烫压力，且快速轻压10s，以免影响纤维的性能和手感。

（4）洗涤

使用温和的洗涤条件。洗涤方式采用轻柔洗涤，避免强力搓洗或拧干，建议手洗或选择洗衣机的轻柔模式；洗涤用水常温即可，不宜过高，一般不超过40℃，以防止纤维变形或损坏；洗涤剂选择中性洗涤剂，避免使用碱性或酸性洗涤剂，同时，避免使用漂白剂和强氧化剂，以免对纤维造成损伤。洗涤后自然晾干，避免曝晒或高温烘干，以防止纤维老化或变色。

通过上述方式，可以确保聚乳酸纤维在成衣工序及应用中保持良好的性能和外观，延长服装的使用寿命。

10.1.3　服装产品开发趋势

聚乳酸纤维与服装产品设计的关联将越来越紧密且多元。随着对聚乳酸纤维性能研究的持续深入，其独特的分子结构所赋予的优良可塑性，将为设计师开辟更为广阔的创意天地。未来，不仅能轻松打造出当下流行的飘逸灵动的连衣裙与简约利落的休闲装，还能基于其特性，开发出更多突破传统的时尚服装。

在功能性与舒适性层面，聚乳酸纤维凭借良好透气性、亲肤性，为消费者带来舒适的穿着基础。未来，随着技术的迭代升级，其抗菌、抗紫外线等功能将进一步强化。通过纳米技术与材料改性，聚乳酸纤维有望具备更强的抗菌活性，有效抵御多种常见病菌，同时对紫外线的防护能力也将提升至更高等级，为消费者在不同场景下提供全方位的舒适与防护体验。

从跨界融合与创新视角展望，聚乳酸纤维正以迅猛之势积极拥抱其他领域。在未来，与智能科技的深度融合将成为一大显著趋势。借助先进的传感器技术与智能材料，聚乳酸纤维服装将实现智能化的自我调节与交互功能。同时，与环保理念的跨界融合也将不断深化，以聚乳酸纤维为创作载体，将环保理念巧妙融入服装创作之中，打造出一系列既具有强烈视觉冲击与时尚感染力，又充分彰显环保价值的服装作品，引领时尚潮流迈向环保与时尚共生的新高度。

另外，成本优化与规模化生产是聚乳酸纤维服装在未来实现市场普及的关键环节。未来，通过持续的技术革新，如研发更高效的纤维制备工艺、优化原材料的提取与加工流程，将大幅降低生产成本。与此同时，扩大生产规模，提高生产效率，实现从原材料采购到成品产出的全流程优化，从而让聚乳酸纤维服装价格更亲民，成为大众日常着装的主流选择。

10.2　聚乳酸纤维在家纺领域的应用

聚乳酸纤维以其特殊性能，如抑菌、防螨、难燃、低烟、轻质、保暖不回潮以及良好的微气候调节能力，使其在家用纺织品领域备受关注。尤其是聚乳酸燃烧发烟量小、无黑烟，特别适合用作地毯、窗帘、墙布等家用纺织品。

10.2.1　应用举例

（1）床品

①警用被装。

警用聚乳酸床品如图 10-13 所示。

应用季节：四季

面料成分：40%聚乳酸＋60%再生纤维素纤维

规格：215cm×147cm

夏被芯填充：100g/m²，聚乳酸生物基絮片

基础款冬被芯填充：300g/m²，聚乳酸生物基絮片

图 10-13　警用聚乳酸床品

加厚款冬被芯填充：420g/m²，聚乳酸生物基絮片

说明：聚乳酸生物基絮片（40%聚乳酸/60%聚酯纤维）

纱支：42 英支

面料组织结构：机织混纺缎纹面料

产品特点与优势：具有环保、无毒、可降解、抑菌、防过敏等特点，能充分 满足公安行业被装面料要求，为警务工作人员提供更加舒适的使用体验。

②玉米抱抱被。

玉米抱抱被如图 10-14 所示。

应用季节：春秋季

面料成分：100%聚酯纤维

填充成分：10% 聚乳酸纤维 + 90% 聚酯纤维

规格：

120cm×200cm，春秋被填充 450g，总重 900g；冬被填充 900g，总重 1450g

150cm×200cm，春秋被填充 750g，总重 1500g；冬被填充 1500g，总重 2500g

图 10-14　玉米抱抱被

200cm×230cm，春秋被填充 1150g，总重 2250g；冬被填充 2300g，总重 3600g

220cm×240cm，春秋被填充重量：1320g，春秋被总重量：2470g；冬被填充 2640g，总重 4000g

产品特点与优势：柔软细腻，保温透气，抑菌防螨，能有效保护用户的皮肤，提高睡眠质量。

③绵绵冰夏被。

绵绵冰夏被如图 10-15 所示。

应用季节：夏季

面料成分：

A 版：88% 锦纶 +12% 氨纶

B 版：100% 聚酯纤维

填充成分：60% 聚酯纤维 +30% 粘胶纤维 +10% 聚乳酸纤维

规格：

120cm×150cm，净重：750g

150cm×200cm，净重：1200g

200cm×230cm，净重：1850g

图 10-15　绵绵冰夏被

面料组织结构：针织混纺面料

产品特点与优势：整体可机洗，抗菌防螨。

（2）聚乳酸毛毯

聚乳酸毛毯如图 10-16 所示。

应用季节：春秋冬季

成分：100% 聚乳酸长丝

规格：

120cm×150cm，净重：1000g

150cm×200cm，净重：1850g

200cm×220cm，净重：2700g

图 10-16　聚乳酸毛毯

（3）聚乳酸窗帘

聚乳酸纤维的难燃性和低烟特性使其成为制备窗帘和地毯等家装用品的理想选择。其 LOI（极限氧指数）达到 26%，即使在燃烧时也能呈现优越的低烟特性，且没有黑烟生成，保证了家居环境的安全，聚乳酸窗帘如图 10-17 所示。

应用季节：四季

成分：100%聚乳酸

幅宽：2.8m

克重：$320g/m^2$、$120g/m^2$

图 10-17　聚乳酸窗帘

（4）聚乳酸地毯

聚乳酸地毯如图 10-18 所示。

应用季节：四季

成分：100％聚乳酸

图 10-18　聚乳酸地毯

（5）聚乳酸宠物垫

聚乳酸宠物垫如图 10-19 所示。

应用季节：四季

成分：面层为 100％聚乳酸，复合底布为 100％PP 纱罗布、丁苯乳胶、防松涂层

尺寸：40cm×50cm

克重：550g/m²

图 10-19　聚乳酸宠物垫

（6）聚乳酸沙发套

成分：35%聚乳酸纤维+65%聚酯纤维

聚乳酸沙发套如图 10-20 所示。

图 10-20　聚乳酸沙发套

10.2.2　家纺产品生产工序的注意事项

（1）裁剪

聚乳酸纤维质地较软，裁剪时应避免使用过于锋利的工具，以免损伤纤维。

（2）熨烫

聚乳酸纤维的熨烫温度应控制在较低范围内，以避免高温导致纤维变形或损伤。建议使用蒸汽熨斗进行熨烫，熨烫温度不宜超过 110℃，以保持纤维的平整度和光泽度。

（3）定形

聚乳酸纤维的定形温度也应控制在较低范围内。在定形过程中，要保持定形机的温度稳定，避免温度过高导致纤维熔化或变形。定形时间应适当缩短，以减少纤维的热损伤。

（4）水洗

聚乳酸纤维具有良好的水洗性能，但应避免使用强碱性的洗涤剂。建议使用中性洗涤剂进行清洗，并保持水温适中，以避免纤维受损。在洗涤过程中，要避免过度搓揉和拧干，以免损伤纤维和破坏产品的结构。

（5）洗涤

在洗涤聚乳酸纤维家纺产品时，应选择温和的洗涤方式，如手洗或机洗（选择柔和模式）。同时，要避免使用漂白剂和强氧化剂，以免对纤维造成损伤。洗涤后，应尽快晾干，避免长时间曝晒和高温熨烫。

10.2.3　家纺产品开发趋势

（1）环保与可持续发展

随着消费者对环保意识的增强，聚乳酸纤维作为可完全生物降解的材料，符合环保和可持续发展的要求。未来，聚乳酸纤维家纺产品将更加注重环保属性的开发，以满足消费者对绿色家居的需求。

（2）多功能性

聚乳酸纤维的优异性能和环保特性使其成为高端家纺的理想选择。通过与其他纤维混纺，匹配聚乳酸纤维固有的抗菌、防螨、阻燃等高价值属性，可以开发出多功能性家纺产品。这些多功能产品将更好地满足消费者的需求，提高产品的附加值。未来，聚乳酸纤维将更多地用于羽绒被、枕头等填充物，以充分发挥其性能优势。

（3）技术革新

在纺纱、织造、染整等工序中，聚乳酸纤维家纺产品的生产将更加注重技术革新和工艺优化。通过采用先进的生产技术和设备，提高产品的品质和性能，降低生产成本，增强市场竞争力。

（4）个性化定制

随着消费者对个性化产品的需求增加，聚乳酸纤维家纺产品也将向个性化定制方向发展。企业可以根据消费者的需求，提供定制化的家纺产品，以满足市场的多样化需求。

10.3　乳酸纤维在产业用纺织品领域的应用

（1）聚乳酸丝束滤棒

聚乳酸丝束滤棒具有无毒、可降解、阻燃、吸附性强（表面微孔、粗糙）等优点，与醋纤（CA）、聚丙烯（PP）等丝束的对比见表 10-1。

表 10-1 聚乳酸、醋纤、聚丙烯丝束滤棒对比

项目	聚乳酸树脂丝束滤棒	醋纤脂片丝束滤棒	聚丙烯树脂丝束滤棒
原料来源	淀粉、糖	木浆、醋酸酐	石油原料
残留丙酮	无	有，≤0.5%	无
降解性	在堆肥水菌环境下，30天开始降解	20年才缓慢降解，因丝束被酯化	不可降解
防霉防潮、阻燃、杀菌性能	乳酸具有天然杀菌防霉性，极限氧指数（LOI）为25%，阻燃低燃烧，散发香气味，纤维内孔有灯芯效应；吸湿快、干燥快、亲和性高，纤维表面粗糙，有微孔	极限氧指数 LOI 19%，易燃，燃烧时伴有黑烟，同时散发原有材料中醋酸味，令人难受，纤维中无内孔，导湿、吸湿、干燥率慢，有亲水性，无杀菌防霉功能	LOI 17%，易燃，燃烧伴有少量黑烟，纤维内无内孔，无导湿性、吸湿性、干燥率极慢，吸水率<1.0%，无亲水性，无杀菌防霉功能
对烟气中低沸点有害物质亲和、阻截率效果	有羟基极性基团，对烟气中低沸点物质有亲和力阻截率	有羟基极性基团，对烟气中低沸点物质有亲和力和阻截率	无羟基极性基团，对烟气中低沸点物质无亲和力和阻截率
焦油、烟碱、一氧化碳的过滤能力	减害降焦，稍优于 CA 丝束滤棒，物理标准符合 GB/T 15270—2002	减害降焦优，物理标准符合 GB/T 5605—2002	减害降焦，性能较差，物理标准符合 GB/T 5605—2001

总之，采用聚乳酸丝束滤棒可以对烟气亲和、吸附、吸收，减害降焦效果。可工业化生产，实现商业化销售。

（2）聚乳酸纤维支撑剂

聚乳酸纤维在页岩油气中应用的主要优势在于其可降解性，油气开采中需要纤维使支撑剂悬浮在工作液中，而 PLA 在地下高温高压环境中逐步降解，部分裂缝闭合，从而调节油气导流能力。避免传统支撑剂长期滞留导致的过度导流问题，优化资源采收率，减少地层伤害。

（3）聚乳酸沙障

聚乳酸沙障已在我国内蒙古、陕西、甘肃、宁夏等地沙化土地治理中得到应用。聚乳酸沙障的绿色治沙技术其具体优势如下。

①以沙治沙，提高铺设效率。沙障的材料多为就地取材，如黏土、麦草、芦苇、秸秆、砾石、砖瓦及树枝等。聚乳酸纤维沙袋沙障以聚乳酸纤维织物为沙袋

基本材料，向里面填充沙土后就成为沙障障体，因此可以在荒漠区域进行现场填充，这也使沙障的运输更为便捷，铺设更加方便。

②可生物降解，低碳环保。在治沙发展过程中，尼龙网、PE 阻沙网、聚氯乙烯（PVC）沙袋等也曾发挥过较大的防护效益，但是由于其材料无法降解，会在环境因素作用下逐渐老化成碎片进入土壤，回收难度大，给当地生态带来了新的压力。"边防治边污染"的缺点，使其在防沙治沙的工作中受到较大限制。聚乳酸沙障则是基于聚乳酸纤维材料制成，其不仅原料可再生，同时纤维制品也具有较好的生物降解性，在自然环境中可以完全生物降解为二氧化碳和水，不产生任何二次污染和化学残留。

③结构稳定好，可长期保持。麦草、秸秆、芦苇等植物性沙障材料，也具备较好的防风固沙效果，但因材料本身容易分解腐烂，固沙功能持续时间相对较短，后期需要定期维护更新，对人力、物力、财力的要求高。

聚乳酸沙障不仅具备良好的障体弹性、贴地性及抗掏蚀性能，防风固沙效果好，且针织织造障体的结构稳定性更优异，可快速形成稳定的风蚀凹曲面且能保持长期稳定，使用年限长，避免重复施工，利于植被恢复，如图 10-21 所示。

图 10-21　聚乳酸沙障

（4）聚乳酸纤维复合材料

与传统复合材料相比，天然纤维增强复合材料成本低、质轻且环保，符合汽车工业对新材料的要求，也符合现代社会对绿色环保和低碳化的要求。在天然植物纤维中，麻纤维因比表面积大、密度低、强度高和可降解性等优点，被广泛用作复合材料增强体。聚乳酸具有良好的力学性能与可加工性，也可以与麻纤维复合制成环保绿色的复合板，如图 10-22 所示。

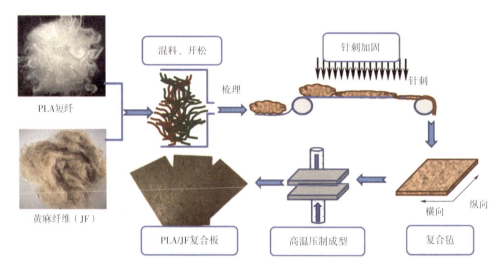

图 10-22　聚乳酸（PLA）/黄麻（JF）制作复合材料流程图

　　其规格可根据产品需求定制。麻纤维强度高但触感硬，聚乳酸纤维与麻纤维混纺，可使汽车内饰实现轻量化与环保化。

　　此类产品应用在包装领域避免了刺激源的引入；应用在服装家纺上兼具抑菌透气性能，还能用于家居墙板等，应用前景广阔。

第11章　聚乳酸标准的分类

目前，与聚乳酸产业相关的标准一共有 20 项，其中 3 项国家标准，9 项纺织行业标准，3 项出入境检验检疫行业标准，5 项中纺联团体标准，具体见表 11-1。20 项标准中，基础方法标准 6 项，原料产品标准 1 项，纤维标准 6 项，纱线标准2 项，织物标准 4 项，制品标准 1 项。

表 11-1　聚乳酸相关国家标准、行业标准、团体标准

序号	标准类型	标准号	标准名称	标准类别
1	国家标准	GB/T 29284—2024	《聚乳酸》	原料标准
2		GB/T 34239—2017	《聚 3-羟基丁酸-戊酸酯/聚乳酸（PH-BV/PLA）共混物长丝》	长丝标准
3		GB/T 2910.10—2009	《纺织品　定量化学分析　第 10 部分：三醋酯纤维或聚乳酸纤维与某些其他纤维的混合物（二氯甲烷法）》	方法标准
4	纺织行业标准	FZ/T 01127—2014	《纺织品　定量化学分析　聚乳酸纤维与某些其他纤维的混合物》	方法标准
5		FZ/T 01177—2024	《纺织品　定量化学分析　聚 3-羟基丁酸-戊酸酯/聚乳酸（PHBV/PLA）共混物纤维与某些其他纤维的混合物》	方法标准
6		FZ/T 54139—2022	《聚乳酸（PLA）低弹丝》	长丝标准
7		FZ/T 52058—2021	《低熔点聚乳酸（LMPLA）/聚乳酸复合短纤维》	短纤维标准
8		FZ/T 54108—2017	《聚乳酸单丝》	长丝标准
9		FZ/T 54098—2017	《聚乳酸牵伸丝》	长丝标准
10		FZ/T 52041—2015	《聚乳酸短纤维》	短纤维标准
11		FZ/T 64093—2022	《聚乳酸短纤维非织造布》	织物标准
12		FZ/T 43057—2021	《聚乳酸丝织物》	织物标准

续表

序号	标准类型	标准号	标准名称	标准类别
13	出入境检验检疫行业标准	SN/T 1901—2014	《进出口纺织品 纤维鉴别方法 聚酯类纤维（聚乳酸、聚对苯二甲酸丙二醇酯、聚对苯二甲酸丁二醇酯）》	方法标准
14		SN/T 2681—2010	《聚乳酸纤维制品成分定性分析方法》	方法标准
15		SN/T 2194—2008	《纺织品 聚乳酸纤维混纺产品 定量化学分析方法》	方法标准
16	中纺联团体标准	T/CNTAC 87—2021	《聚乳酸纤维与棉混纺纱》	纱线标准
17		T/CNTAC 198—2023	《聚乳酸纤维与粘胶纤维混纺本色纱》	纱线标准
18		T/CNTAC 199—2023	《聚乳酸纤维与棉混纺机织面料》	织物标准
19		T/CNTAC 200—2023	《聚乳酸纤维与棉混纺针织面料》	织物标准
20		T/CNTAC 201—2023	《聚乳酸纤维与棉混纺针织 T 恤》	制品标准

11.1 聚乳酸检测方法标准

聚乳酸的方法标准里涉及聚乳酸的定性分析和定量分析方法。

定性分析方法标准有 SN/T 1901—2014《进出口纺织品 纤维鉴别方法 聚酯类纤维（聚乳酸、聚对苯二甲酸丙二醇酯、聚对苯二甲酸丁二醇酯）》、SN/T 2681—2010《聚乳酸纤维制品成分定性分析方法》。需要说明的是，按照 ISO 2076 以及 GB/T 4146.1 属名的标准，聚乳酸不属于聚酯纤维。

SN/T 1901—2014《进出口纺织品 纤维鉴别方法 聚酯类纤维（聚乳酸、聚对苯二甲酸丙二醇酯、聚对苯二甲酸丁二醇酯）》标准综合采用燃烧试验法、显微镜观察法、化学溶解法、着色剂法、含氯含氮呈色反应试验法、熔点测定法、红外光谱法、拉曼光谱鉴别法对包括聚乳酸在内的聚酯进行定性分析。

SN/T 2681—2010《聚乳酸纤维制品成分定性分析方法》标准通过对聚乳酸纤维及其制品（或未知纤维及其制品）进行感官检验、燃烧试验、显微镜观察及溶解试验，与确定的聚乳酸纤维的相应特性进行比较，判定其是否为聚乳酸纤维。

SN/T 1901—2014 与 SN/T 2681—2010 相比，SN/T 1901—2014 更全面。

定量分析方法标准有 GB/T 2910.10—2009《纺织品 定量化学分析 第 10

部分：三醋酯纤维或聚乳酸纤维与某些其他纤维的混合物（二氯甲烷法）》、FZ/T 01127—2014《纺织品　定量化学分析　聚乳酸纤维与某些其他纤维的混合物》、SN/T 2194—2008《纺织品　聚乳酸纤维混纺产品　定量化学分析方法》、FZ/T 01177—2024《纺织品　定量化学分析　聚 3-羟基丁酸-戊酸酯/聚乳酸（PHBV/PLA）共混物纤维与某些其他纤维的混合物》。

GB/T 2910.10—2009《纺织品　定量化学分析　第 10 部分：三醋酯纤维或聚乳酸纤维与某些其他纤维的混合物（二氯甲烷法）》测试原理为用二氯甲烷把三醋酯纤维或聚乳酸纤维从已知干燥质量的混合物中溶解去除，收集残留物，清洗、烘干和称重，用修正后的质量计算其占混合物干燥质量的百分率，由差值得出三醋酯纤维或聚乳酸纤维的质量百分率。

FZ/T 01127—2014《纺织品　定量化学分析　聚乳酸纤维与某些其他纤维的混合物》标准中规定了聚乳酸纤维与动物纤维混纺产品的含量分析，聚乳酸纤维与锦纶混纺产品的含量分析，聚乳酸纤维与纤维素纤维混纺产品的含量分析，聚乳酸纤维与聚酯纤维混纺产品的含量分析，聚乳酸纤维与氨纶混纺产品的含量分析，聚乳酸纤维与锦纶、腈纶、聚酯纤维、粘胶纤维、莫代尔纤维、羊毛纤维混纺产品的含量分析。其中，聚乳酸纤维与动物纤维混纺产品的含量分析是用次氯酸钠法把动物纤维溶解去除；聚乳酸纤维与锦纶混纺产品的含量分析是用 40%的硫酸溶液或 80%的甲酸溶液将聚酰胺纤维溶解去除；聚乳酸纤维与纤维素纤维混纺产品的含量分析是用 75%的硫酸溶液将纤维素纤维溶解去除。之后收集残留物，洗净、烘干和称量，用修正后的质量损失计算出聚乳酸纤维占混纺产品干燥质量的百分率。聚乳酸纤维与聚酯纤维混纺产品的含量分析是用冰乙酸微沸状态下将聚乳酸纤维溶解去除，之后收集残留物，洗净、烘干和称量，用修正后的质量损失计算出聚酯纤维占混纺产品干燥质量的百分率，间接计算聚乳酸纤维的含量。聚乳酸纤维与氨纶混纺产品的含量分析是用 5%氢氧化钠溶液微沸状态下将聚乳酸纤维溶解去除，之后收集残留物，洗净、烘干和称量，用修正后的质量损失计算出氨纶占混纺产品干燥质量的百分率，间接计算聚乳酸纤维的含量；或者用 80%的硫酸将氨纶先溶解去除，然后计算聚乳酸纤维的含量。聚乳酸纤维与锦纶、腈纶、聚酯纤维、粘胶纤维、莫代尔纤维、羊毛纤维混纺产品的含量分析可通过二氯甲烷将聚乳酸纤维溶解去除，之后收集残留物，洗净、烘干和称量，用修正后的质量损失计算出不溶解纤维占混纺产品干燥质量的百分率，间接计算聚乳酸纤维的含量。

SN/T 2194—2008《纺织品　聚乳酸纤维混纺产品　定量化学分析方法》测试原理为混纺产品的组分经定性鉴别后，选择适当的试剂溶解去除一种组分，将不溶解的纤维洗涤、烘干、冷却、称量、计算出各组分的含量百分比。标准里规定了聚乳酸纤维与羊毛、蚕丝、马海毛、兔毛、其他动物纤维、涤纶、聚丙烯腈纤维、变形聚丙烯腈纤维混纺产品的含量分析方法，聚乳酸纤维与棉、麻、粘胶纤维、莱赛尔等天然和再生纤维素纤维混纺产品的含量分析，聚乳酸纤维与锦纶6、锦纶66混纺产品的含量分析。

聚乳酸纤维与羊毛、蚕丝、马海毛、兔毛、其他动物纤维、涤纶、聚丙烯腈纤维、变形聚丙烯腈纤维混纺产品的含量分析方法是用二氯甲烷将聚乳酸纤维去除，把不溶纤维洗净、烘干、冷却、称量，用修正后的质量损失计算出不溶纤维占混纺产品干燥质量的百分率，间接计算聚乳酸纤维的含量。聚乳酸纤维与棉、麻、粘胶纤维、莱赛尔等天然和再生纤维素纤维混纺产品的含量分析是用75%的硫酸在（50±5）℃下把纤维素纤维溶解去除，把不溶的聚乳酸纤维洗净、烘干、冷却、称量，用修正后的质量损失计算出聚乳酸纤维占混纺产品干燥质量的百分率。

聚乳酸纤维与锦纶6、锦纶66混纺产品的含量分析是用80%甲酸把纤维素纤维溶解去除，把不溶的聚乳酸纤维洗净、烘干、冷却、称量，用修正后的质量损失计算出聚乳酸纤维占混纺产品干燥质量的百分率。

FZ/T 01177—2024《纺织品 定量化学分析：聚3-羟基丁酸-戊酸酯/聚乳酸（PHBV/PLA）共混物纤维与某些其他纤维的混合物》是指聚3-羟基丁酸-戊酸酯/聚乳酸（PHBV/PLA）共混物纤维作为其中一种组分，再与其他组分混纺。测试原理同样为选择适当的试剂溶解去除一种组分，将不溶解的纤维洗涤、烘干、冷却、称量、计算出各组分的含量百分比。标准里规定了三种方法，第一种方法"二氯甲烷法"是利用了聚3-羟基丁酸-戊酸酯/聚乳酸（PHBV/PLA）共混物纤维溶解于二氯甲烷，棉、亚麻、苎麻、绵羊毛、蚕丝、铜氨纤维、粘胶纤维、莫代尔纤维、莱赛尔纤维、聚丙烯腈纤维、某些改性聚丙烯腈纤维、聚酯纤维、聚酰胺纤维、聚丙烯纤维或聚氨酯弹性纤维不溶于二氯甲烷的特性；第二种方法"丙酮法"是利用醋酯纤维溶解于丙酮，而聚3-羟基丁酸-戊酸酯/聚乳酸（PHBV/PLA）共混物纤维不溶于丙酮的特性；第三种方法"硫酸法"是利用三醋酯纤维溶于硫酸试剂，而聚3-羟基丁酸-戊酸酯/聚乳酸（PHBV/PLA）共混物纤维不溶于硫酸的特性。利用以上三种方法，将聚3-羟基丁酸-戊酸酯/聚乳酸（PHBV/PLA）共混物纤维从与棉、亚麻、苎麻、绵羊毛、蚕丝、铜氨纤维、粘胶纤维、莫代尔纤维、莱赛尔纤维、聚丙烯腈纤维、某些改性聚丙烯腈纤维、聚酯纤维、聚酰胺纤维、聚丙烯纤维、聚氨酯弹性纤维、醋酯纤维、三醋酯纤维等二组分混合物产品中进行含量分析。

GB/T 2910.10—2009、SN/T 2194—2008、FZ/T 01127—2014、FZ/T 01177—2024 测试原理基本相同，都是采用溶解法，溶掉一部分纤维，根据修正后的质量损失计算不溶纤维的百分含量或者间接计算溶解纤维的百分含量。最主要是利用了不同纤维的化学溶解性能不同。

但 GB/T 2910.10—2009、FZ/T 01127—2014、SN/T 2194—2008、FZ/T 01177—2024 定量分析方法的前提都是基于样品成分是明确的，且都是含有聚乳酸纤维的。

11.2　聚乳酸原料标准

目前只有 GB/T 29284—2024《聚乳酸》一个原料质量标准。GB/T 29284 标准 2012 年第一次发布，2024 年第一次修订。GB/T 29284—2024 标准适用于以乳酸或丙交酯为原料，经聚合得到的聚乳酸（PLA）树脂。按加工方式分为专用级、挤出级、注塑级、纤维级树脂。标准里纤维级树脂规定了感观、水分、密度、熔体质量流动速率（MFR）偏差、熔点、玻璃化转变温度、拉伸断裂应力、简支梁缺口冲击强度、相对生物分解率、灰分、丙交酯含量、分子量分布指数、色度的考核项目，也描述了相应的试验方法，具体见表 11-2。

表 11-2　纤维级聚乳酸树脂考核项目和试验方法

考核项目	试验方法
感观	在自然光下目测检查
水分	按 GB/T 37191—2018 规定执行，加热温度为 150℃
密度	按 GB/T 1033.1—2008 的 A 法（浸渍法）规定执行
熔体质量流动速率（MFR）偏差	按 GB/T 3682.1—2018 规定执行，试验温度为 190℃，标称负荷为 2.16kg
熔点	按 GB/T 19466.3—2004 规定执行，采用第一次热循环时熔融峰温度
玻璃化转变温度	按 GB/T 19466.2—2004 规定执行，采用第二次热循环时发生玻璃化转变的中点温度
拉伸断裂应力	按 GB/T 1040.2—2022 规定进行，试验速度为 5mm/min
简支梁缺口冲击强度	按 GB/T 1043.1—2008 规定进行侧向冲击试验
相对生物分解率	按 GB/T 19277.1—2025 规定执行

续表

考核项目	试验方法
灰分	按 GB/T 9345.1—2008 规定执行，煅烧温度为（600±25）℃
丙交酯含量	PLA 样品加二氯甲烷溶解后加入正己烷，待 PLA 沉淀析出后，气相色谱仪对滤液进行检测，使用内标法测试样品中丙交酯含量
分子量分布指数	PLA 样品用二氯甲烷溶解，配制溶液，用针式过滤器过滤，代入标准曲线，计算出分子量
色度	按 GB/T 14190—2017 规定执行，采用 d/8 光路几何构造

11.3　聚乳酸纤维标准

11.3.1　短纤维标准

目前有 FZ/T 52041—2015《聚乳酸短纤维》、FZ/T 52058—2021《低熔点聚乳酸（LMPLA）/聚乳酸（PLA）复合短纤维》两项短纤维产品标准。其中 FZ/T 52058—2021《低熔点聚乳酸（LMPLA）/聚乳酸（PLA）复合短纤维》属于差别化产品，是由两种不同熔点的聚乳酸制得的皮芯结构的短纤维，皮层低熔点聚乳酸纤维起到黏合作用，避免胶水的使用，绿色环保，在一次性卫材、家纺、装饰、包装材料等领域具有广阔的应用发展前景。

FZ/T 52041—2015《聚乳酸短纤维》标准适用于以聚乳酸为原料，经熔融纺丝制成的名义线密度在 1.1~2.1dtex，圆形截面、不添加消光剂、本色、非填充用的聚乳酸短纤维，其他类型的聚乳酸短纤维可参照使用。标准里规定了断裂强度、断裂伸长率、线密度偏差率、长度偏差率、超长纤维率、倍长纤维含量、疵点含量、卷曲数、卷曲率、130℃干热收缩率、比电阻 11 项常规短纤维产品考核项目以及生物分解率的特性考核项目。这是化纤行业第一项聚乳酸产品标准，针对聚乳酸纤维生物可降解性能，增加了"生物分解率"项目来表征纤维的可降解性能。在后期制定聚乳酸纤维相关产品标准时，经过行业专家讨论，达成共识"不需要每次都进行生物分解率的测试，因为可降解性能是材料的本质属性，只要是聚乳酸材料，就具备这个特性，不需要每次都测试"。

FZ/T 52058—2021《低熔点聚乳酸（LMPLA）/聚乳酸（PLA）复合短纤维》因差别化产品，标准里规定了断裂强度、断裂伸长率、线密度偏差率、长度偏差率、倍长纤维含量、疵点含量、卷曲数、卷曲率、比电阻、含油率 10 项常规考核项目以及"黏结温度"的特性考核项目。

考核项目以及涉及的试验方法见表 11-3。

表 11-3　聚乳酸短纤维考核指标和试验方法

序号	标准编号及名称	考核项目	试验方法
1	FZ/T 52041—2015《聚乳酸短纤维》	断裂强度	按 GB/T 14337—2022 规定执行
		断裂伸长率	
		线密度偏差率	按 GB/T 14335—2008 规定执行
		长度偏差率	按 GB/T 14336—2008 规定执行
		超长纤维率	
		倍长纤维含量	
		疵点含量	按 GB/T 14339—2008 规定执行
		卷曲数	按 GB/T 14338—2022 规定执行。
		卷曲率	
		130℃干热收缩率	按 FZ/T 50004—2011❶规定执行，热处理温度（130±3）℃，热处理时间 15min
		比电阻	按 GB/T 14342—2015 规定执行
		生物分解率	按 GB/T 19277.1—2025 规定执行
2	FZ/T 52058—2021《低熔点聚乳酸（LMPLA）/聚乳酸（PLA）复合短纤维》	断裂强度	按 GB/T 14337—2022 规定执行
		断裂伸长率	
		线密度偏差率	按 GB/T 14335—2008 规定执行
		长度偏差率	按 GB/T 14336—2008 规定执行
		倍长纤维含量	
		疵点含量	按 GB/T 14339—2008 规定执行
		卷曲数	按 GB/T 14338—2022 规定执行
		卷曲率	
		比电阻	按 GB/T 14342—2015 规定执行
		黏结温度	按 FZ/T 50038—2017 规定执行
		含油率	按 GB/T 6504—2017 规定执行，采用萃取法

---

❶　FZ/T 50004—2011 与 GB/T 43015—2023 适用条件一致。

11.3.2　长丝标准

目前有 FZ/T 54098—2017《聚乳酸牵伸丝》、GB/T 34239—2017《聚3-羟基丁酸-戊酸酯/聚乳酸（PHBV/PLA）共混物长丝》、FZ/T 54108—2018《聚乳酸单丝》、FZ/T 54139—2022《聚乳酸（PLA）低弹丝》四个长丝产品标准。

FZ/T 54098—2017《聚乳酸牵伸丝》标准适用于线密度 22~333dtex、单丝线密度 0.8~6.7dtex，圆形截面、不添加消光剂的聚乳酸牵伸丝，其他类型的聚乳酸牵伸丝可参照使用。标准里规定了线密度偏差率、线密度变异系数、断裂强度、断裂强力变异系数、断裂伸长率、断裂伸长率变异系数、沸水收缩率、染色均匀度、含油率、网络度、筒重、外观的考核项目。染色均匀度项目，基本按 GB/T 6508《涤纶长丝染色均匀试验方法》标准执行，但根据聚乳酸长丝的特点，染色温度和时间另行设定。

GB/T 34239—2017《聚3-羟基丁酸-戊酸酯/聚乳酸（PHBV/PLA）共混物长丝》标准适用于以聚3-羟基丁酸-戊酸酯（PHBV）（羟基乙酸含量≤12%）、聚乳酸（PLA）为主要原料的共混物经熔融纺丝工艺生产的，单纤维线密度在 0.8~8dtex 的长丝。标准里规定了线密度偏差率、线密度变异系数、断裂强度、断裂伸长率、断裂伸长率变异系数、沸水收缩率、网络度、含油率的考核项目。

FZ/T 54108—2018《聚乳酸单丝》标准适用于线密度 13~89730dtex，对应当量直径 0.036~3.000mm 的本色聚乳酸单丝，其他聚乳酸单丝可参照使用。标准里规定了线密度偏差率、线密度变异系数、断裂强度、断裂强力变异系数、断裂伸长率、断裂伸长率变异系数、热收缩率（干热和沸水）、染色均匀度、含油率、筒重、外观的考核项目。

FZ/T 54139—2022《聚乳酸（PLA）低弹丝》标准适用于线密度 30~170dtex，单丝线密度 0.8~2.5dtex，圆形截面、本色聚乳酸低弹丝，其他规格和类型的聚乳酸低弹丝可参照使用。标准里规定了线密度偏差率、线密度变异系数、断裂强度、断裂强力变异系数、断裂伸长率、断裂伸长率变异系数、沸水收缩率、染色均匀度、含油率、网络度、筒重、卷曲性能、外观13项常规长丝产品考核项目。

考核项目以及涉及的试验方法见表 11-4。

表 11-4　聚乳酸长丝考核项目和试验方法

序号	标准编号及名称	考核项目	试验方法
1	FZ/T 54098—2017《聚乳酸牵伸丝》	断裂强度	按 GB/T 14344—2022 规定执行
		断裂强力变异系数	
		断裂伸长率	
		断裂伸长率变异系数	
		线密度偏差率	按 GB/T 14343—2008 规定执行
		线密度变异系数	
		沸水收缩率	按 GB/T 6505—2017 规定执行
		染色均匀度	按 GB/T 6508—2015 规定执行。染色温度（90±5）℃，时间（30±1）min
		含油率	按 GB/T 6504—2017 规定执行
		网络度	按 FZ/T 50001—2016 规定执行
		筒重	用检定分度值≤卷装质量 0.1%，最大秤量的 20%～80% 能覆盖卷装质量的衡器称取，扣除皮质量
		外观	采用移动光源、固定光源或分级台进行检验
2	GB/T 34239—2017《聚 3-羟基丁酸-戊酸酯/聚乳酸（PHBV/ PLA）共混物长丝》	断裂强度	按 GB/T 14344—2008 规定执行
		断裂伸长率	
		断裂伸长率变异系数	
		线密度偏差率	按 GB/T 14343—2008 中的绞丝法规定执行
		线密度变异系数	
		沸水收缩率	按 GB/T 6505—2008 规定执行
		网络度	按 FZ/T 50001—2016 规定执行
		含油率	按 GB/T 6504—2008 规定执行
3	FZ/T 54108—2018《聚乳酸单丝》	断裂强度	按 GB/T 14344—2022 规定执行。粗旦型夹持距离为 250mm，速度为 500mm/min
		断裂强力变异系数	
		断裂伸长率	
		断裂伸长率变异系数	

续表

序号	标准编号及名称	考核项目	试验方法
3	FZ/T 54108—2018《聚乳酸单丝》	线密度偏差率	按 GB/T 14343—2008 规定执行。细旦型试样长度为 100m；粗旦型试样长度为 10m
		线密度变异系数	
		热收缩率（干热和沸水）	按 GB/T 6505—2017 规定执行。粗旦型测试温度（120±3）℃，时间（10±1）min
		染色均匀度	按 GB/T 6508—2015 规定执行。染色温度（90±5）℃，时间（30±1）min
		含油率	按 GB/T 6504—2017 规定执行。采用萃取法
		筒重	用检定分度值≤卷装质量 0.1%，最大秤量的 20%~80% 能覆盖卷装质量的衡器称取，扣除皮质量
		外观	采用移动光源、固定光源或分级台进行检验
4	FZ/T 54139—2022《聚乳酸（PLA）低弹丝》	断裂强度	按 GB/T 14344—2022 规定执行
		断裂强力变异系数	
		断裂伸长率	
		断裂伸长率变异系数	
		线密度偏差率	按 GB/T 14343—2008 规定执行
		线密度变异系数	
		沸水收缩率	按 GB/T 6505—2017 规定执行
		染色均匀度	按 GB/T 6508—2015 规定执行。染色温度（90±5）℃，时间（30±1）min
		含油率	按 GB/T 6504—2017 规定执行
		网络度	按 FZ/T 50001—2016 规定执行，仲裁时采用手工移针法
		筒重	用检定分度值≤卷装质量 0.1%，最大秤量的 20%~80% 能覆盖卷装质量的衡器称取，扣除皮质量

序号	标准编号及名称	考核项目	试验方法
4	FZ/T 54139—2022《聚乳酸（PLA）低弹丝》	卷曲性能	按 GB/T 6506—2017 规定执行，卷曲显现温度同涤纶
		外观	采用移动光源、固定光源或分级台进行检验

11.4　聚乳酸纱线标准

目前纱线产品有 T/CNTAC 87—2021《聚乳酸纤维与棉混纺纱》、T/CNTAC 198—2023《聚乳酸纤维与粘胶纤维混纺本色纱》两项团体标准。

T/CNTAC 87—2021《聚乳酸纤维与棉混纺纱》标准适用于聚乳酸含量在30%及以上，环锭纺（包括赛络纺）聚乳酸纤维与经过阳离子改性处理的精梳棉混纺的本色纱、色纺纱，本色纱规定了线密度偏差率、线密度变异系数、单纱断裂强度、单纱断裂强力变异系数、条干不匀变异系数、千米棉结（+200%）、十万米纱疵、明显色结、外观、纤维含量允许偏差和安全性能 11 项考核项目。色纺纱在上述 11 项考核项目基础上增加色牢度（耐皂洗、耐水、耐汗渍、耐摩擦、耐唾液）的考核。

T/CNTAC 198—2023《聚乳酸纤维与粘胶纤维混纺本色纱》标准适用于聚乳酸含量在30%及以上，与粘胶纤维混纺的赛络紧密纺本色纱，标准里规定了线密度偏差率、线密度变异系数、单纱断裂强度、单纱断裂强力变异系数、条干不匀变异系数、千米棉结（+200%）、十万米纱疵、2mm 毛羽数、外观、纤维含量允许偏差 10 项考核项目。

考核项目以及涉及的试验方法见表 11-5。

表 11-5　聚乳酸混纺纱线的考核项目和试验方法

序号	标准编号及名称	考核项目	试验方法
1	T/CNTAC 87—2021《聚乳酸纤维与棉混纺纱》	线密度偏差率	线密度偏差率按 100m 纱的实测干燥质量减去 100m 纱的标准干燥质量，其差值与标准干燥质量之比计算；
		线密度变异系数	线密度变异系数按标准公式执行

续表

序号	标准编号及名称	考核项目	试验方法
1	T/CNTAC 87—2021《聚乳酸纤维与棉混纺纱》	单纱断裂强度	按 GB/T 3916—2013 规定执行
		条干不匀变异系数	按 GB/T 3292.1—2008 规定执行
		千米棉结（+200%）	
		十万米纱疵	按 FZ/T 01050—2024 规定执行
		明显色结	按 FZ/T 10021—2013 规定执行
		色牢度（耐皂洗、耐水、耐汗渍、耐摩擦、耐唾液）	耐水色牢度试验按 GB/T 5713—2013；耐汗渍色牢度试验按 GB/T 3922—2013 规定执行，采用单纤维贴衬；耐摩擦色牢度试验按 GB/T 3920—2024 规定执行；耐皂洗色牢度试验按 GB/T 3921—2008 规定执行，采用单纤维贴衬；耐唾液色牢度试验按 GB/T 18886—2019 规定执行，采用单纤维贴衬
		纤维含量	按 GB/T 2910.10—2009 规定执行，其结果结合公定回潮率表示
		安全性能	按 GB 18401—2010 或 GB 31701—2015 规定执行
		外观（色差、错支、错纤维、成形不良、双纱、油污纱等）	色差按 GB/T 250—2008 评定。其他按 FZ/T 10007—2018 规定，在北向自然光或光照度不低于400lx 白炽灯光下，用目光检验筒纱两端和侧面
2	T/CNTAC 198—2023《聚乳酸纤维与粘胶纤维混纺本色纱》	线密度偏差率	线密度偏差率按 100m 纱的实测干燥质量减去100m 纱的标准干燥质量，其差值与标准干燥质量之比计算；线密度变异系数按标准公式执行
		线密度变异系数	
		单纱断裂强度	按 GB/T 3916—2013 规定执行
		条干不匀变异系数	按 GB/T 3292.1—2008 规定执行
		千米棉结（+200%）	
		十万米纱疵	按 FZ/T 01050—2024 规定执行
		2mm 毛羽数	按 FZ/T 01086—2020 规定执行
		纤维含量	按 GB/T 2910.10—2009 规定执行，其结果结合公定回潮率表示
		外观（错支、错纤维、成形不良、双纱、油污纱等）	在北向自然光或光照度不低于 400lx 白炽灯光下，用目光检验筒纱两端和侧面

11.5 聚乳酸织物标准

目前聚乳酸织物面料有四项产品标准，分别是 FZ/T 43057—2021《聚乳酸丝织物》、FZ/T 64093—2022《聚乳酸短纤维非织造布》两项行业标准以及 T/CNTAC 199—2023《聚乳酸纤维与棉混纺机织面料》、T/CNTAC 200—2023《聚乳酸纤维与棉混纺针织面料》两项团体标准。

FZ/T 43057—2021《聚乳酸丝织物》标准适用于聚乳酸含量 30% 及以上的聚乳酸长丝纯织或与其他纱线交织的织物。标准里规定了 pH、甲醛含量、异味、可分解致癌芳香胺染料、密度偏差率、质量偏差率、纤维含量允差、断裂强力、撕破强力、纰裂程度（定负荷）、水洗尺寸变化率、色牢度（耐皂洗、耐水、耐汗渍、耐摩擦）、起毛起球、抑菌率（金黄色葡萄球菌、大肠杆菌、白色念珠菌）14 项内在质量考核项目和幅宽偏差率、色差、外观疵点 3 项外观考核项目。

FZ/T 64093—2022《聚乳酸短纤维非织造布》标准适用于以纯聚乳酸短纤维为原料，梳理成网后用热黏合方法加固生产的单位面积质量 ≤60g/m² 的非织造布。标准里规定了纤维含量、单位面积质量偏差率、纵向断裂强力、横向断裂强力、幅宽偏差、安全要求（甲醛含量、pH、异味、荧光增白剂）、微生物要求（细菌菌落总数、真菌菌落总数、大肠菌群、致病性化脓菌）、外观（面积在 4mm² 以上中间无纤维的破洞、分层、边不良、疵点、明显褶皱、油污污渍等、拼接次数）的考核项目。

T/CNTAC 199—2023《聚乳酸纤维与棉混纺机织面料》标准适用于经纱为棉、纬纱为聚乳酸纤维与棉混纺纱线（聚乳酸纤维含量在 30% 及以上）交织制成的机织染色面料（注：棉宜经改性处理，以适应低温染色）。标准里规定了纤维含量、异味、pH、甲醛含量、可分解致癌芳香胺染料、单位面积干燥质量偏差率、纬向密度偏差率、断裂强力、水洗尺寸变化率、起毛起球、色牢度（耐洗、耐水、耐汗渍、耐摩擦、耐光）、抑菌率（金黄色葡萄球菌、大肠杆菌、白色念珠菌）、防紫外线性能（紫外线防护系数 UPF、日光紫外线 UVA 透射比的算术平均值）、速干性能（干燥速率）的内在质量考核项目和局部性疵点、散布性疵点、假开剪和拼件的外观考核项目。

T/CNTAC 200—2023《聚乳酸纤维与棉混纺针织面料》标准适用于聚乳酸纤维与棉（聚乳酸纤维含量在 30% 及以上）混纺制成的纬编针织成品面料（注：棉宜经改性处理，以适应低温染色）。标准里规定了纤维含量、异味、pH、甲醛含量、可分解致癌芳香胺染料、单位面积干燥质量偏差率、顶破强力、水洗尺寸变化率、起毛起球、色牢度（耐水、耐汗渍、耐洗、耐摩擦、耐光）、抑菌率（金黄色葡萄球菌、大肠杆菌、白色念珠菌）、抗紫外线功能（紫外线防护系数UPF、日光紫外线 UVA 透射比的算术平均值、速干功能（干燥速率）的内在质量考核项目和幅宽、色差、歪斜、局部性疵点、散布性疵点的外观考核项目。

考核项目以及涉及的试验方法见表 11-6。

表 11-6 聚乳酸面料的考核项目和试验方法

序号	标准编号及名称	考核项目	试验方法
1	FZ/T 43057—2021《聚乳酸丝织物》	pH	按 GB/T 7573—2025 规定执行
		甲醛含量	按 GB/T 2912.1—2009 规定执行
		异味	按 GB 18401—2010 规定执行
		可分解致癌芳香胺染料	按 GB/T 17592—2024 规定执行
		密度偏差率	按 GB/T 4668—1995 规定执行
		质量偏差率	按 GB/T 4669—2008 规定执行
		纤维含量允差	按 GB/T 2910（所有部分）、FZ/T 01026—2017、FZ/T 01057（所有部分）、FZ/T 01127—2014 等规定执行
		断裂强力	按 GB/T 3923.1—2013 规定执行
		撕破强力	按 GB/T 3917.2—2009 规定执行
		纰裂程度（定负荷）	按 GB/T 13772.2—2018 规定执行
		水洗尺寸变化率	按 GB/T 8628—2013、GB/T 8629—2017、GB/T 8630 规定执行，洗涤程序采用 GB/T 8629—2017 附录 B 中 5M，干燥方法采用 GB/T 8629—2017 中的程序 A 法（悬挂晾干）
		色牢度（耐皂洗、耐水、耐汗渍、耐摩擦）	耐皂洗色牢度试验方法按 GB/T3921—2008 执行；耐水色牢度试验按 GB/T 5713—2013 执行；耐汗渍色牢度试验方法按 GB/T 3922—2013 执行；耐摩擦色牢度试验方法按 GB/T 3920—2024 执行
		起毛起球	按 GB/T 4802.1—2008 规定执行
		抑菌率（金黄色葡萄球菌、大肠杆菌、白色念珠菌）	按 GB/T 20944.3—2008 规定执行

序号	标准编号及名称	考核项目	试验方法
1	FZ/T 43057—2021《聚乳酸丝织物》	外观（幅宽偏差率、色差、外观疵点评分限度）	幅宽偏差率按 GB/T 4666—2009 规定执行； 色差采用 D65 标准光源或北向自然光，照度不低于 600lx，GB/T 250—2008 灰色样卡对比评级； 外观疵点可采用经向检验机或纬向台板检验。采用经向检验机检验时，检验速度为（15±5）m/min； 纬向台板检验速度为 15 页/min； 纬斜试验方法按 GB/T 14801—2009 执行
2	FZ/T 64093—2022《聚乳酸短纤维非织造布》	纤维含量	按 FZ/T 01057（所有部分）、GB/T 2910.10—2009、FZ/T 01127—2014 以及相关标准规定执行
		单位面积质量偏差率	按 GB/T 24218.1—2009 规定执行
		纵向断裂强力	按 GB/T 24218.3—2010 规定执行
		横向断裂强力	
		幅宽偏差	去掉一卷产品的最外面 5 层，用钢尺测量 3 处，取平均值作为实测值，计算其与标称值的偏差
		安全要求（甲醛含量、pH、异味、荧光增白剂）	甲醛含量按 GB/T 2912.1—2009 规定执行； pH 按 GB/T 7573—2025 规定执行； 异味按 GB/T 18401—2010 的规定执行； 荧光增白剂判定则将试样置于波长为 254nm 和 365nm 的紫外灯下观察，若无任何荧光现象，判定为未检出；若有可见明显的荧光现象或有异议，则按 FZ/T 01137—2016 规定进一步测试
		微生物要求（细菌菌落总数、真菌菌落总数、大肠菌群、致病性化脓菌）	按 GB 15979—2024 的规定执行
		外观（面积在 4mm² 以上、中间无纤维的破洞、分层、边不良、疵点、明显褶皱、油污等）	在水平检验台上进行，采用正常白昼北光或日光灯照明，台面照度不低于 600lx，目光与台面距离 60cm 左右

序号	标准编号及名称	考核项目	试验方法
3	T/CNTAC 199—2023 聚乳酸纤维与棉混纺机织面料	纤维含量	按 GB/T 2910.10—2009 规定执行，其结果结合公定回潮率表示
		异味	按 GB 18401—2010 规定执行
		pH	按 GB/T 7573—2025 规定执行
		甲醛含量	按 GB/T 2912.1—2009 规定执行
		可分解致癌芳香胺染料	按 GB/T 17592—2024 规定执行
		单位面积干燥质量偏差率	按试样的平方米干燥质量减去规格标识的平方米干燥质量，其差值与标准干燥质量之比计算
		纬向密度偏差率	按 GB/T 4668—1995 规定执行
		断裂强力	按 GB/T 3923.1—2013 规定执行
		水洗尺寸变化率	按 GB/T 8628—2013、GB/T 8629—2017（使用 A 型洗衣机、采用 4N 程序、标准洗涤剂 3、涤/棉陪洗布、悬挂晾干）和 GB/T 8630—2013 规定执行
		起毛起球	按 GB/T 4802.1—2008（压力 780cN，起毛次数 0 次，起球次数 600）执行
		色牢度（耐洗、耐水、耐汗渍、耐摩擦、耐光）	耐水色牢度试验按 GB/T 5713—2013 规定执行；耐汗渍色牢度试验按 GB/T 3922—2013 规定执行；耐皂洗色牢度试验按 GB/T 3921—2008 中聚酯、棉单纤维贴衬规定执行；耐摩擦色牢度试验按 GB/T 3920—2024 规定执行；耐光色牢度试验按 GB/T 8427—2019 规定执行
		抗菌性能	按 GB/T 20944.3—2008 规定执行
		抗紫外线性能	按 GB/T 18830—2009 规定执行
		速干功能	按 GB/T 21655.1—2023 规定执行
		外观（幅宽、色差、歪斜、外观）	幅宽检验按 GB/T 4666—2009 规定执行；色差检验按 GB/T 250—2008 规定执行；歪斜检验按 GB/T 14801—2009 规定执行；外观质量检验按 GB/T 17760—2019 规定执行

续表

序号	标准编号及名称	考核项目	试验方法
4	T/CNTAC 200—2023 聚乳酸纤维与棉混纺针织面料	纤维含量	按 GB/T 2910.10—2009 规定执行，其结果结合公定回潮率表示
		异味	按 GB 18401—2010 规定执行
		pH	按 GB/T 7573—2025 规定执行
		甲醛含量	按 GB/T 2912.1—2009 规定执行
		可分解致癌芳香胺染料	按 GB/T 17592—2024 规定执行
		单位面积干燥质量偏差率	按试样的平方米干燥质量减去规格标识的平方米干燥质量，其差值与标准干燥质量之比计算
		顶破强力	按 GB/T 19976—2005 规定执行，钢球直径为（38±0.02）mm
		水洗尺寸变化率	按 GB/T 8628—2013、GB/T 8629—2017（使用 A 型洗衣机，采用 4N 程序、标准洗涤剂 3、涤/棉陪洗布、悬挂晾干）和 GB/T 8630 规定执行
		色牢度（耐洗、耐水、耐汗渍、耐摩擦、耐光）	耐水色牢度试验按 GB/T 5713—2013 规定执行；耐汗渍色牢度试验按 GB/T 3922—2013 规定执行；耐皂洗色牢度试验按 GB/T 3921—2008 中聚酯、棉单纤维贴衬规定执行；耐摩擦色牢度试验按 GB/T 3920—2024 规定执行；耐光色牢度试验按 GB/T 8427—2019 规定执行
		抗菌性能	按 GB/T 20944.3—2008 规定执行
		抗紫外线功能	按 GB/T 18830—2009 规定执行
		速干功能	按 GB/T 21655.1—2023 规定执行
		外观	按 GB/T 22846—2009 规定执行

11.6　聚乳酸制品标准

目前聚乳酸纺织制品标准只有 T/CNTAC 201—2023《聚乳酸纤维与棉混纺针织 T 恤》一个团体标准。

T/CNTAC 201—2023《聚乳酸纤维与棉混纺针织 T 恤》标准适用于聚乳酸纤维（含量在 30% 及以上）与棉混纺针织面料制成的 T 恤。标准里规定了纤维含量、甲醛含量、pH、异味、可分解致癌芳香胺染料、水洗尺寸变化率、水洗后扭曲率、顶破强力、起球、耐光汗复合色牢度（碱性）、耐光色牢度、耐皂洗色牢度、耐水色牢度、耐汗渍色牢度、耐摩擦色牢度、拼接互染程度、抑菌率（金黄色葡萄球菌、大肠杆菌、白色念珠菌三个菌种）、抗紫外线功能（紫外线防护系数 UPF、日光紫外线 UVA 透射比的算术平均值）、速干功能（干燥速率）、洗后外观的内在质量考核项目和色差、纹路歪斜、缝纫曲折高低、止口反吐、熨烫变黄、变色、水渍亮光、底边脱针、规格尺寸偏差、对称部位尺寸差异、缝制规定的外观考核项目。

考核项目以及涉及的试验方法见表 11-7。

表 11-7　聚乳酸制品的考核项目和试验方法

标准编号及名称	考核项目	试验方法
T/CNTAC 201—2023《聚乳酸纤维与棉混纺针织 T 恤》	纤维含量	按 GB/T 2910.10—2009 规定执行，其结果结合公定回潮率表示
	甲醛含量	按 GB/T 2912.1—2009 规定执行
	pH 值	按 GB/T 7573—2025 规定执行
	异味	按 GB 18401—2010 规定执行
	可分解致癌芳香胺染料	按 GB/T 17592—2024 规定执行
	水洗尺寸变化率	按 GB/T 22849—2017（使用 A 型洗衣机、采用 4N 程序、标准洗涤剂 3、涤/棉陪洗布、悬挂晾干）和 GB/T 8630 规定执行
	水洗后扭曲率	按 GB/T 22849—2014 规定执行
	顶破强力	按 GB/T 19976—2005 规定执行，钢球直径为（38 ± 0.02）mm
	起球	按 GB/T 4802.1—2008（压力 780cN，起毛次数 0 次，起球 600 次）执行
	色牢度（耐洗、耐水、耐汗渍、耐摩擦、耐光）	耐光汗复合色牢度按 GB/T 14576—2009 规定执行；耐人造光色牢度按 GB/T 8427—2019 的方法 3 规定执行；

标准编号 及名称	考核项目	试验方法
T/CNTAC 201—2023 《聚乳酸纤维 与棉混纺针织 T 恤衫》	色牢度（耐洗、耐水、耐汗渍、耐摩擦、耐光）	耐皂洗色牢度试验按 GB/T 3921—2008 的方法 A（1）规定执行； 耐水色牢度试验按 GB/T 5713—2013 规定执行； 耐汗渍色牢度试验按 GB/T 3922—2013 规定执行； 耐摩擦色牢度试验按 GB/T 3920—2024 规定执行
	拼接互染程度	按 GB/T 31127—2014 执行
	抑菌率	按 GB/T 20944.3—2008 规定执行
	抗紫外线性能	按 GB/T 18830—2009 规定执行
	速干功能	按 GB/T 21655.1—2023 中 7.2 规定执行
	洗后外观	按 GB/T 22849—2014 中 5.1.2.8 规定执行
	外观	按 GB/T 22849—2014 中 5.2 规定执行

第 12 章　聚乳酸的降解性

12.1　生物降解的概念

生物降解是指有机物质在自然环境中通过微生物（如细菌、真菌、藻类等）的代谢作用被分解为简单的无机物（如二氧化碳、水、甲烷）或更基本的有机物的过程。这一过程通常发生在自然界的土壤、水体或堆肥环境中。一般而言，生物降解的速度与物质的化学结构、环境条件（如温度、湿度、氧气供给）以及降解微生物的活性密切相关。生物降解主要包含以下几个步骤，如图 12-1 所示。

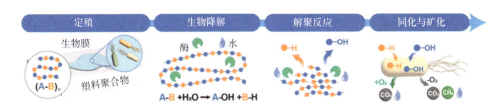

图 12-1　聚合物的生物降解路径

（1）定殖

微生物（如细菌和真菌）开始在塑料聚合物表面附着并形成生物膜。生物膜是由微生物及其分泌的胞外聚合物（EPS）组成的复杂结构，它为微生物提供了一个保护性的环境，使其能够在不利条件下生存和繁殖。定殖是生物降解的第一步，因为只有在微生物成功附着在塑料表面后，后续的降解过程才能进行。

（2）生物降解

在生物膜中，微生物分泌特定的酶（Enzyme），这些酶能够识别并攻击塑料聚合物中的化学键。酶的作用类似于"分子剪刀"，它们能够切断聚合物链中的键。具体反应可以表示为：$A-B+H_2O \rightarrow A-OH+B-H$。这个反应表示酶通过水解作用将聚合物链中的键切断，生成较小的分子片段（如单体或低聚物）。

（3）解聚反应

在酶的作用下，塑料聚合物被逐步分解成更小的分子片段。这个过程称为解聚，即将长链聚合物分解成短链或单体。解聚是生物降解的关键步骤，因为它将难以降解的大分子转化为更容易被微生物利用的小分子。

（4）同化与矿化

解聚后的小分子被微生物吸收并进入其代谢途径。微生物将这些小分子作为碳源和能源，进行同化作用，将其转化为细胞物质和能量。最终，在氧气的参与下，这些代谢产物被进一步氧化，矿化为简单的无机化合物，如二氧化碳（CO_2）和水（H_2O）。矿化标志着塑料被完全降解为无害的终产物。

根据具体降解环境的不同，这些因素共同作用，决定了材料的降解速率和最终降解程度，图12-2为生物降解的影响因素举例。

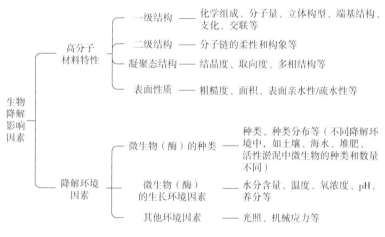

图12-2　生物降解的影响因素

影响生物降解的高分子材料自身特性如下：

①一级、二级结构。如主链键合类型，含酯键（如PLA）、酰胺键（如蛋白质）或糖苷键（如纤维素）的高分子更易被酶水解；亲水性基团可增强材料与酶的相互作用，促进降解；分子量越低，降解速率越快；具有支化结构的聚合物相较于直链聚合物降解速率较慢。

②凝聚态结构。结晶度，结晶区分子排列紧密，降解较难；非晶区更易被酶或微生物攻击。

③表面特性。粗糙或多孔表面可增加酶/微生物的附着面积，加速降解；疏水性，疏水材料（如PE）难以被水介质中的酶作用，降解缓慢。

影响生物降解的环境条件有以下三类：

①微生物（酶）的种类。

酶种类与浓度：如蛋白酶、酯酶、纤维素酶等对特定高分子具有专一性。

微生物种群：不同微生物（如细菌、真菌）的代谢能力差异显著。

②微生物（酶）的生长环境因素。

温度：多数酶的最适温度为 30~60℃，温度过高或过低均会抑制活性。

pH：如聚酯类在中性至弱碱性（pH 为 6~8）条件下降解较快。

湿度/水分：水解反应需充足水分，干燥环境会显著延缓降解。

氧气：好氧降解（生成 CO_2+H_2O）通常快于厌氧降解（产生 CH_4 等）。

③其他环境因素。

光照：紫外线可能引发光氧化降解，与生物降解协同作用。

机械应力：材料破裂或形变可增加表面积，促进降解。

12.2　聚乳酸的降解机理

聚乳酸的降解主要依赖于水解反应和微生物降解两个过程，如图 12-3 所示，具体可以分为以下几个阶段：

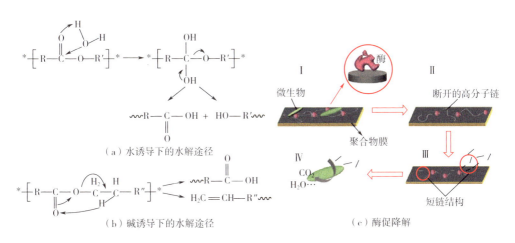

图 12-3　聚乳酸水解及酶促降解机理

[图片来源：焦阳，李之行，张瑛洁，等. 可生物降解分离膜材料

及其应用研究进展 [J]. 化工进展，2021，40（2）：949-958.]

（1）水解阶段（非生物降解）

在潮湿环境（如土壤、堆肥或水体）中，聚乳酸首先发生水解反应。水分子攻击聚乳酸分子链中的酯键，使其断裂，生成乳酸单体或低聚乳酸。这一过程受湿度、温度和材料结构（如结晶度）的影响，但无须微生物参与。

（2）微生物降解阶段（生物降解）

水解生成的小分子乳酸或低聚乳酸在土壤或堆肥环境中可被微生物进一步分解。微生物通过一系列酶促反应将乳酸或低聚乳酸转化为二氧化碳（CO_2）和水（H_2O），这个过程类似于乳酸在人体代谢中的自然过程。微生物主要包括细菌、真菌和其他有机物分解者，它们能利用这些小分子作为碳源进行代谢。

（3）氧化和其他生物化学反应（最终矿化）

在氧气充足的环境中，部分聚乳酸降解产物可能通过氧化反应进一步分解。最终，所有中间产物均被转化为 CO_2 和 H_2O，实现完全矿化，无微塑料或毒性残留。

12.3 聚乳酸的降解方式

12.3.1 堆肥降解

堆肥降解是指在堆肥环境中，由微生物（如细菌、真菌、藻类等）和其他生物通过生物化学反应将有机物质降解、转化为更简单的无害物质，如二氧化碳、水、矿物质等的过程。堆肥降解通常在有氧条件下进行，适宜的温湿度和微生物环境能够加速降解。

在堆肥条件下，聚乳酸等有机废弃物会通过微生物的作用逐步降解为无害物质，这也是一种环保的废弃物处理方式。堆肥降解过程如图 12-4 所示。

堆肥降解一般可以按照堆肥环境的控制方式、微生物类型和降解条件分为以下几类。

①传统堆肥。通过自然发酵过程，通常没有严格控制温度和湿度。适用于家庭、农业中较小规模的有机废物处理。

②强制堆肥（加速堆肥）。对堆肥环境（如温度、湿度、空气流通等）进行严格控制，以加速降解过程。常见于工业规模的堆肥处理或商业堆肥厂。

③厌氧堆肥。在缺氧条件下进行，微生物通过厌氧代谢降解，通常较慢，但适合处理一些特定的废弃物，如污泥等。

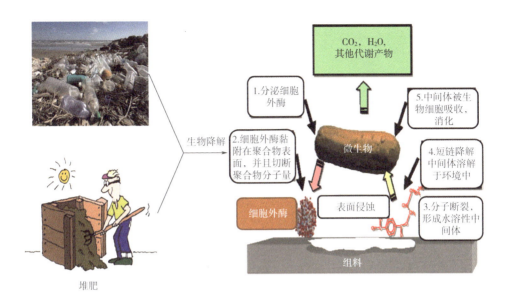

图 12-4　堆肥降解过程示意图

12.3.1.1　堆肥降解装置

堆肥降解装置的示意图（图 12-5）基于标准《全称为控堆肥条件下材料最终需氧生物分解能力的测定 采用测定释放的二氧化碳的方法 第 2 部分：用重量分析法测定实验室条件下二氧化碳的释放量》（GB/T 19277.2—2013）进行。

①堆肥堆。最简单的装置，通常是堆放一堆废物，定期翻动以促进空气流通和降解。

②堆肥箱。更封闭和规范的环境，通常有进气孔来供氧，温度和湿度可以适当控制。

③旋转堆肥机。用旋转装置搅拌堆肥，提高空气流通和物料混合，从而加速降解过程。

④分层堆肥装置。垂直分层结构，废物逐层堆放和降解，适合处理大规模废弃物。

12.3.1.2　堆肥降解条件

①温度。堆肥过程中的温度通常在 50~70℃，这有利于微生物的活动和有机物的降解。高温有助于杀死病菌和杂草种子。

②湿度。湿度应保持在 40%~60%。过高或过低的湿度都会影响微生物的活性。

③氧气供应。堆肥应保持在有氧条件下，因此需要定期翻堆或使用通气设备，以保证足够的氧气供给。

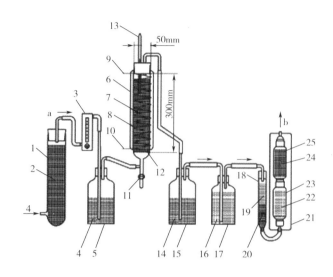

图 12-5　堆肥降解装置示意图

1—10 000mL 二氧化碳吸收装置　2—1000g 钠石灰　3—带流量控制器的流量计　4—300mL 水

5—500mL 的加装器　6—500mL 的堆肥容器　7—堆肥、试验材料和海沙的混合物

8—隔热材料　9—电子加热器的顶部　10—电子加热器的底部　11—玻璃旋塞（用于堆肥容器排水）

12—PTFE（聚四氟乙烯）过滤器的支撑物　13—温度传感器　14—300mL 浓度为 1mol/L 的含甲基

橙指示剂的硫酸　15—500mL 氢吸收装置　16—硅胶　17—除湿装置 1　18—除湿装置 2

19—20mL 的硅胶　20—100mL 的无水氢化钙　21—二氧化碳吸收装置

22—80g 钠石灰和钠滑石的混合物　23—体积 120mL 的二氧化碳吸收装置　24—无水氢化钙

25—120mL 的水吸收装置　a—气体入口　b—气体出口

④碳氮比。堆肥原料中碳和氮的比例应保持在 25∶1 至 30∶1，过高或过低都会影响降解效率。

⑤pH。堆肥过程中的 pH 通常保持在 6.0~8.0。

12.3.1.3　聚乳酸的堆肥降解性能

聚乳酸作为一种可生物降解的塑料，在堆肥条件下的降解性能受到环境条件（如温度、湿度等）和材料特性（如分子量等）的影响。通常，PLA 在堆肥条件下的降解过程如下：

①开始阶段。聚乳酸在堆肥堆中首先发生水解，长链的聚乳酸分子被切割成较小的乳酸单体或低聚物。这一过程通常在数天至数周内完成。

②中间阶段。水解产物（乳酸）逐渐被堆肥环境中的微生物（如细菌、真菌）进一步分解，产生二氧化碳、水和其他矿物质。

③完成阶段。最终，聚乳酸被完全降解，转化为水和二氧化碳，堆肥产物不会产生有害残留物。

聚乳酸通常在 6 个月到 12 个月内完成堆肥降解，具体降解时间受堆肥环境（温湿度、氧气供应等）和材料特性（如聚乳酸的分子量、添加剂等）的影响。不同堆肥环境中的主要菌种及聚乳酸降解情况见表 12-1。

表 12-1　不同堆肥环境中的主要菌种及聚乳酸降解情况

菌株名称	来源	时间/d	培养温度/℃	酸碱度	降解率/%
Bacillus sp. MYK2	污泥	40	—	—	—
Aneurinibacillus aneurinilyticus	土壤	30	30	—	33.87
Serratia marcescens	土壤	15	30	—	18.00
Amycolatopsis strain SCM_ MK2-4	土壤	7	37	—	36.70
Pseudonocardia sp. RM423	—	—	30	—	—
Lenisca waywayandensis	土壤	25	30	—	84.80
Amycolatopsis strain K104-1	土壤	—	—	—	—
Bacillus licheniformis	堆肥	150	32	—	40.00
Ceobacillus thermocatenulatus	土壤	20	60	—	—
*Stenotrophomonas paranii CH*1	土壤	20	30	7.5	45.00
Pseudomonas geniculata WS3	污泥	20	30	8.0	10.00

12.3.2　酶降解

酶降解是指通过酶催化的生物化学反应分解复杂的有机物质，通常使高分子聚合物转化为更小的分子或者单体。酶降解过程通常依赖于特定的酶与目标材料之间的相互作用，这些酶能够特异性地断开聚合物中的化学键，促使降解。

对于聚乳酸来说，特定的酶（如酯酶）可以通过水解作用打破其酯键，从而促进聚乳酸的降解。

酶降解在环境友好型材料的处理和废弃物降解中起到重要作用，因为它提供了一种较为温和、选择性强且高效的降解方法，酶降解的分类见表 12-2。

表 12-2　酶降解的分类

分类依据	类别	降解机理	酶的类型	目标聚合物类型	降解周期
降解机理	水解型酶降解	通过水解反应打断聚合物中的酯键或肽键等化学键	酯酶、蛋白酶、淀粉酶等	PLA、聚乙烯醇（PVA）、蛋白质、多糖等	数天至数月，具体取决于酶活性和环境条件
	氧化型酶降解	通过氧化反应使聚合物的结构发生变化	过氧化物酶、木质素过氧化物酶等	木质纤维素、聚氨酯、某些合成高分子	数周至数月，具体取决于酶活性和环境条件
	还原型酶降解	通过还原反应改变聚合物的分子结构	较为少见，具体酶种类不明确	某些特定合成高分子	降解周期较长，具体数据较少
酶的来源	微生物酶降解	由微生物（如细菌、真菌等）产生的酶分解聚合物	微生物分泌的酯酶、蛋白酶、淀粉酶、过氧化物酶等	PLA、PVA、木质纤维素、蛋白质、多糖等	数天至数月，具体取决于微生物种类和环境条件
	植物酶降解	由植物产生的酶降解聚合物，通常需要特定条件	植物分泌的酯酶、过氧化物酶等	木质纤维素、某些合成高分子	降解周期较长，通常为数月至数年
目标聚合物	天然高分子降解	通过酶的作用降解天然高分子材料	酯酶、蛋白酶、淀粉酶、过氧化物酶等	木质纤维素、蛋白质、多糖等	数天至数月，具体取决于酶类型和环境条件
	合成高分子降解	通过酶的作用降解合成高分子材料	酯酶、过氧化物酶等	PLA、PVA、聚氨酯等	数周至数年，具体取决于酶类型和环境条件
降解条件	实验室环境	在受控条件下（如恒温、恒湿、特定 pH）进行酶降解	根据目标聚合物选择特定酶	PLA、PVA、木质纤维素等	降解周期较短，通常为数天至数周

续表

分类依据	类别	降解机理	酶的类型	目标聚合物类型	降解周期
降解条件	工业规模生物反应器	在工业规模的生物反应器中进行酶降解，条件优化以提高效率	根据目标聚合物选择特定酶	PLA、PVA、木质纤维素等	降解周期较短，通常为数天至数周，具体取决于反应器设计和条件优化
	自然环境	在自然环境中（如土壤、水体）进行酶降解，条件复杂且不可控	微生物分泌的酶、植物酶等	PLA、木质纤维素、蛋白质等	降解周期较长，通常为数月至数年，具体取决于环境条件

12.3.2.1　酶降解装置

（1）生物反应器

酶降解生物反应器如图 12-6 所示。

图 12-6　酶降解生物反应器

批量反应器：将酶、目标聚合物和反应介质一起放入容器中进行反应，适用于小规模实验。

连续反应器：通过连续进料和出料保持反应过程中的酶与底物在一定的状态，适合大规模工业应用。

（2）酶降解反应槽

用于控制温度、pH 和氧气供应的反应槽，通过精确调节这些参数来优化酶的降解效率。

12.3.2.2 酶降解条件

温度：不同酶的最佳工作温度不同，一般在 30~60℃。温度过高可能会破坏酶的活性，温度过低则反应速率较慢。

pH：酶通常在特定的 pH 范围内表现最佳活性。例如，酯酶在中性或弱碱性环境中效果较好，pH 一般在 6.0~8.0。

酶浓度：酶的浓度需要根据目标聚合物的性质和降解速率进行优化。过高的酶浓度可能会导致浪费，过低则降解效率低。

底物浓度：聚乳酸等目标聚合物的浓度会影响酶降解的速度和效果。

反应时间：酶降解是一个逐步过程，反应时间通常取决于聚合物的性质和反应条件。

12.3.2.3 聚乳酸酶降解性能

聚乳酸在酶降解过程中，主要依赖酯酶等水解酶的作用。聚乳酸的分子链是由乳酸单体通过酯键连接而成，酯酶能够特异性地水解这些酯键，从而使聚乳酸分子断裂，最终转化为较小的乳酸单体或低聚物。

降解速率：聚乳酸的酶降解速率受环境条件（如温度、pH）、酶浓度和材料特性（如分子量、聚合度等）的影响。在合适的温度（如 37℃）和 pH（如 6.0~7.5）下，聚乳酸可以在几天到几周内开始降解。

降解过程：聚乳酸的酶降解通常分为两个阶段：初期阶段，酶通过水解作用断开聚乳酸的酯键，生成较小的乳酸单体或低聚物。后期阶段，降解产物进一步被微生物或其他酶处理，最终转化为无害的二氧化碳和水。不同酶的降解情况见表 12-3。

表 12-3　不同酶的降解情况

类别	降解机理	酶的类型	降解周期
酯酶	分解酯键的酶，与脂肪酶类似	*Pla*M4，*Pla*M7 和 *Pla*M9	在 30℃ 下，30min 内降解低分子量 PDLLA（5×10^3 g/mol）
		*ABO*2449	PLA 乳液在 36h 内几乎完全降解，固体 PLA（1.0×10^4~1.8×10^4 g/mol）在 9h 内几乎完全降解

类别	降解机理	酶的类型	降解周期
脂肪酶	催化 PLA 酯键水解	*Pla*A（解淀粉类芽孢杆菌 *TB*-13）	低分子量 PLA（低于 $5×10^3$g/mol）的降解活性更高，在 37℃ 下 30min 后完全降解，而高分子量 PLA（$2×10^4$g/mol）则需 90min
		脂肪酶（来源黑曲霉菌 *MTCC*2594）	30℃，pH 为 7.0 条件下，24h 内对 PLA（$5×10^3$g/mol）降解率高达 87%
蛋白酶	虽然 PLA 中为酯键，但可以被水解肽键的蛋白酶裂解	丝氨酸蛋白酶	丝氨酸蛋白酶可以降解 PLLA、PDL-LA，但不能降解 PDLA
		α-胰凝乳蛋白酶	α-胰凝乳蛋白酶可降解 PLLA
		蛋白酶 K	在几天内降解半结晶 PLLA 薄膜，在几个小时内降解无定形 PLLA 薄膜
角质酶	可水解植物表面的聚酯角质。研究表明，可以降解 PLA 的酯键	类角质酶（*cutinase-like enzyme*）	30℃ 下，PDLA 乳液在 24h 后几乎完全降解
		*Pa*E（从南极拟酵母 JCM10317 纯化）	30℃ 下，24h 后，PLA（$4×10^3$g/mol）薄膜的降解率为 50.4%

与堆肥降解相比，酶降解通常发生得更快且更为精准，因为酶具有很强的选择性。通过优化酶的种类和反应条件，可以在更短的时间内实现高效降解。

12.3.3　自然水体降解

自然水体降解指的是聚合物（如聚乳酸）在水体环境中通过物理、化学和生物过程的作用逐渐降解、分解的过程。这个过程包括水中的化学反应、微生物活动以及水流等因素的共同作用，最终使材料转化为水、二氧化碳等简单的无害物质。

与堆肥降解和酶降解不同，自然水体降解通常发生在湖泊、河流、海洋等水体中，降解速度较慢，受多种环境因素（如水温、水质、微生物活性等）的影响。

自然水体降解可以根据降解机制和降解环境的不同进行分为以下几类。

①生物降解。通过水体中的微生物（如细菌、真菌、藻类等）对材料进行

189

降解。微生物通过分泌酶催化降解聚合物中的化学键，使其分解成更简单的分子，最终转化为水、二氧化碳、无机盐等无害物质。

②光降解。在水体中，紫外线（UV）和可见光照射可以引发一些聚合物的化学降解反应，尤其是对于含有光敏感基团的材料（如某些塑料）。这种降解通常较为缓慢，常见于水面或浅水区。

③化学降解。水中的化学成分（如氧气、酸性或碱性物质等）可能与材料发生反应，导致聚合物的化学键断裂，从而实现降解。化学降解一般较为缓慢，但在一些特殊条件下（如高温、强酸或强碱环境中）可以加速。

④物理降解。水流、波浪、温度变化等物理因素可导致聚合物的机械损伤，从而破坏其结构。随着时间的推移，材料的体积和质量逐渐减少，最终发生降解。

12.3.3.1　自然水体降解的装置及条件

①水槽实验装置。这些装置模拟自然水体环境，用于研究材料在不同水质、水流速、温度等条件下的降解过程。实验中可设置不同的水温、pH、氧气浓度等变量，模拟湖泊、河流、海洋等水体环境。

②海洋模拟降解装置。专门用于模拟海洋环境的实验装置，评估材料在盐水、波浪、温度变化等条件下的降解性能。此类装置通常用于研究塑料和其他聚合物的海洋降解性能。

③微生物降解反应器。该反应器模拟水体中的微生物活动，通过引入特定的微生物群落来促进材料的生物降解。通过控制氧气、温度、湿度等条件，可以研究材料的生物降解过程。

12.3.3.2　自然水体降解的条件

①水温。水温会影响微生物的活性和降解速度。一般而言，水温较高（如20~30℃）时，微生物活性较强，降解速率较快；低温水体降解速度较慢。

②水质（pH、溶解氧）。水中的pH、溶解氧、盐度等因素也会影响降解过程。大多数水生微生物在中性至弱碱性（pH 6~8）的环境中最为活跃。

③水流速与波动性。水流速较快或有波动的水体能够增加聚合物的机械摩擦，促进物理降解。此外，水流有助于微生物和氧气的扩散，可能加速生物降解。

④微生物群落。水体中的微生物种类和数量对降解过程至关重要。丰富的微生物群落有助于降解材料。

聚乳酸的降解性能在淡水和海洋环境中有显著差异（表12-4）。

表 12-4　淡水环境和海洋环境中聚乳酸降解的差异

影响因素	淡水环境	海洋环境
主要降解途径	水解+有限微生物作用	水解为主，微生物作用极弱
温度影响	较高温度加速降解	低温（尤其深海）显著抑制降解
盐度影响	无显著影响	高盐度可能双向影响（促进水解但抑制微生物）
典型降解时间	数年（实验室条件可缩短）	数十年甚至更久

12.3.3.3　聚乳酸自然水体降解性能

聚乳酸作为一种可生物降解的塑料，在自然水体中的降解性能较为复杂，受到环境因素的影响较大。一般来说，聚乳酸在水中的降解主要依赖于水解和生物降解两种机制。

①水解过程。淡水中聚乳酸的降解速度较慢，主要依赖微生物作用。温度、pH 和微生物活性是关键因素，较高温度和中性至微碱性 pH 有利于降解。在淡水中，聚乳酸的降解可能需要数年，具体时间取决于环境条件。微生物逐步将聚乳酸分解为乳酸，最终转化为二氧化碳和水。海水中的降解速度通常比淡水更慢，主要受盐度、温度和微生物种类影响。高盐度可能抑制微生物活性，降低降解速度。在海水中，聚乳酸的降解可能需要数年至数十年。虽然海水微生物能分解聚乳酸，但高盐度和低温环境显著减缓了这一过程。湖水中的降解速度介于淡水和海水之间，受温度、pH 和微生物活性影响。富营养化的湖泊可能因微生物丰富而加快降解。在湖水中，聚乳酸的降解通常需要数年。微生物将聚乳酸分解为小分子，最终转化为二氧化碳和水，但速度仍较慢。

②微生物降解。在水体中，微生物（如细菌和真菌）能够利用聚乳酸中的乳酸单体进行代谢。水质较好、微生物活性较强的环境下，聚乳酸的生物降解较为显著。

聚乳酸在自然水体中的降解通常比较缓慢。根据一些研究，聚乳酸在海水或淡水中的降解时间可能需要几个月到几年的时间，具体速度受水温、水流、微生物种群等因素的影响。聚乳酸在自然水体中的降解过程通常不会产生有害的降解产物。水解后的产物乳酸可以被水体中的微生物进一步分解。

不同水域的纬度差异导致水温、pH 等环境因素不同，进而影响 PLA 的降解情况，见表 12-5。

表 12-5　不同水域中 PLA 的降解情况

水域	温度/℃	pH	降解周期/d	降解率/%
重庆某水库	25	—	180	7.3（PLA 购物袋）
重庆某水库	25	—	180	0.29（PLA 吸管）
重庆某水库	25	—	180	0.28（PLA 塑料杯）
模拟淡水生境（含鱼、螺、藻类等）	25	8.1	90	几乎为 0（PLA 颗粒）
人工淡水	25	—	365	几乎为 0（PLA 薄膜）
中国渤海	25	7.6~8.2	364	26~28
中国渤海	15	7.9~8.4	180	1
新加坡马六甲海峡	24	7.5~8.5	90	10.0~22.8
日本濑户内海	20	7.5~8.5	28	4

12.3.4　土壤中的降解

　　土壤中的降解指的是聚合物（如聚乳酸）在土壤环境中通过物理、化学和生物过程的作用，逐渐被分解或转化为简单的无害物质的过程。土壤降解包括微生物降解、化学降解、物理降解等多种机制的综合作用。土壤作为一个复杂的环境，拥有多样的微生物群落和丰富的有机物质，这些因素共同影响聚合物的降解速度和效果。聚乳酸等生物降解塑料在土壤中的降解，主要依赖微生物的作用，通过水解、酯解等过程，聚乳酸的分子链会被断裂，最终转化为水、二氧化碳和其他无害物质。

12.3.4.1　土壤降解的分类

　　土壤降解可以按照降解机制和降解环境进行分类。

　　①生物降解。通过土壤中的微生物（如细菌、真菌、放线菌等）对聚合物进行分解。微生物分泌的酶能够特异性地切断聚合物中的化学键，将其转化为简单的分子，通常包括水、二氧化碳、氨、无机盐等无害物质。

　　②化学降解。通过土壤中的化学环境（如水、氧气、pH、矿物质等）与聚合物反应，导致聚合物的分子结构发生变化。化学降解通常较慢，受环境条件（如酸碱性、湿度等）影响较大。

　　③物理降解。由于土壤中的物理因素（如土壤的摩擦作用、温度变化、湿度变化等）使聚合物的结构发生破裂、裂解，促使聚合物变得更加易于降解。物理

降解通常通过土壤颗粒的摩擦、挤压等机械力作用发生。

④复合降解。生物降解、化学降解和物理降解可能交替发生，形成一个复合的降解过程。例如，微生物降解可能伴随着水解反应，而物理降解可能先使聚合物表面破裂，增加微生物降解的效率。

12.3.4.2 土壤降解装置

①土壤降解实验箱。模拟不同土壤环境（如干湿、酸碱、温度等）中的降解条件。土壤样本被放入密闭或开放的箱中，通过控制温度、湿度、氧气浓度等变量来测试聚乳酸的降解性能。

②温湿度控制的土壤培养箱。通过精确控制温度、湿度和光照等环境因素来模拟不同季节或气候条件下的土壤降解过程。适用于长期实验，评估材料在自然条件下的降解。

③批量反应器。用于研究土壤中大规模降解过程的设备，通常通过添加大量的土壤样品来评估材料在不同土壤中的降解速率和产物。

12.3.4.3 土壤降解条件

①土壤类型。土壤的种类（如砂土、黏土、壤土等）对降解过程有很大影响。沙质土壤通常排水良好，而黏土土壤则具有较高的水分保持能力，可能有助于加速降解。

②水分含量。土壤中的水分含量对降解过程至关重要。适中的湿度有利于微生物的活跃和降解反应，而过高或过低的水分含量都会减缓降解速度。

③温度。土壤的温度影响微生物的活性，温度过低时微生物活动减缓，而过高的温度可能会破坏微生物的生物膜，影响降解过程。

④pH。土壤的酸碱度也会影响微生物降解的速率。大多数微生物在中性至弱碱性的环境中最为活跃。

⑤氧气供应。土壤中的氧气浓度直接影响微生物的降解效率。通气良好的土壤通常能促进有氧降解。

⑥微生物群落。土壤中的微生物种类和数量对降解速率有显著影响。富含有机物的土壤通常具有更多的微生物群落，从而加速降解。

12.3.4.4 聚乳酸土壤中的降解性能

聚乳酸作为一种可生物降解的塑料，在土壤中的降解性能通常受到土壤类型、环境条件和聚乳酸材料特性等多个因素的影响。

聚乳酸的分子链是通过酯键连接的，水解是其降解的主要机制之一。土壤中的水分有助于酯键的水解，分子链逐渐断裂，形成乳酸单体。土壤中丰富的微生物（如细菌、真菌等）能够分解水解产物乳酸。随着时间的推移，聚乳酸的分子逐渐降解为二氧化碳、水和其他无害产物。聚乳酸在土壤中的降解速率较慢，通常需要数个月到一年时间，具体取决于土壤的水分含量、温度、氧气供应和微生物活性等因素。高温、湿润且微生物丰富的土壤环境有利于加速聚乳酸的降解。

在干燥或贫瘠的土壤中，降解过程较为缓慢，主要因为微生物活动不活跃。而在有机质丰富、湿润且温暖的土壤中，聚乳酸的降解会显著加速。聚乳酸的降解产物乳酸在土壤中可以被微生物进一步转化为二氧化碳和水，对环境的影响较小。聚乳酸的降解不会像传统塑料一样产生有毒物质，因此在土壤中较为环保。

12.4 生物降解测试方法标准

由于泄漏后塑料废弃物所处环境和降解条件是相对复杂的，所以要根据所处环境条件，来建立模拟真实条件的降解率测试方法。根据降解环境制定的生物降解测试方法国际标准和国家标准情况见表12-6。

表12-6 生物降解测试方法国际标准和国家标准情况

序号	介质	氧环境	国际标准号	国际标准转化为国家标准号（或计划号）	标准名称
1	堆肥化—高固体份堆肥	厌氧	ISO 15985	GB/T 33797	《塑料 在高固体份堆肥条件下最终厌氧生物分解能力的测定 采用分析测定释放生物气体的方法》
2	堆肥化—工业化堆肥	需氧	ISO 17088	GB/T 28206	《可堆肥塑料技术要求》
3	堆肥化—实验室模拟	需氧	ISO 20200	20202561-T-469	《塑料 在实验室模拟堆肥条件下塑料材料崩解性能的测定》
4	堆肥化—受控堆肥	需氧	ISO 14855	GB/T 19277.1	《受控堆肥条件下材料最终需氧生物分解能力的测定 采用测定释放的二氧化碳的方法 第1部分：通用方法》

续表

序号	介质	氧环境	国际标准号	国际标准转化为国家标准号（或计划号）	标准名称
5	堆肥化—受控堆肥	需氧	ISO 14855-2	GB/T 19277.2	《受控堆肥条件下材料最终需氧生物分解能力的测定　采用测定释放的二氧化碳的方法　第2部分：用重量分析法测定实验室条件下二氧化碳的释放量》
6	堆肥化—中试条件	需氧	ISO 16929	GB/T 19811	《在定义堆肥化中试条件下塑料材料崩解程度的测定》
7	海水—海洋接种物	需氧	ISO 22403	尚未转化	《塑料　在嗜温需氧实验室条件下暴露于海洋接种物中材料固有生物降解性能评定　试验方法和要求》
8	水性培养液	需氧	ISO 14851	GB/T 19276.1	《水性培养液中材料最终需氧生物分解能力的测定　采用测定密闭呼吸计中需氧量的方法》
9	水性培养液	需氧	ISO 14852	GB/T 19276.2	《水性培养液中材料最终需氧生物分解能力的测定　采用测定释放的二氧化碳的方法》
10	水性培养液	厌氧	ISO 14853	GB/T 32106	《塑料　在水性培养液中最终厌氧生物分解能力的测定　通过测量生物气体产物的方法》
11	海水	需氧	ISO 23977-1	尚未转化	《塑料　暴露于海水中塑料材料需氧生物降解测定　第1部分：采用测量释放生物气体的方法》
12	海水	需氧	ISO 23977-2	尚未转化	《塑料　暴露于海水中塑料材料需氧生物降解测定　第2部分：采用测定密闭呼吸计中需氧量的方法》
13	海水	需氧	ISO/WD 5430	尚未转化	《塑料　生物降解塑料材料海洋生态毒性试验方案　试验方法和要求》

序号	介质	氧环境	国际标准号	国际标准转化为国家标准号（或计划号）	标准名称
14	海水—沉积物界面	需氧	ISO 18830	20202657-T-469	《塑料 海水沙质沉积物界面非漂浮塑料材料最终需氧生物分解能力的测定 通过测定密闭呼吸计内耗氧量的方法》
15	海水—沉积物界面	需氧	ISO 19679	20202658-T-469	《塑料 海水沙质沉积物界面非漂浮塑料材料最终需氧生物分解能力的测定 通过测定释放二氧化碳的方法》
16	海水—实际海洋	崩解	ISO 22766	尚未转化	《塑料 在实际现场条件下海洋生境中塑料材料崩解程度的测定》
17	海水—实验室模拟海洋环境	需氧	ISO/FDIS 23832	尚未转化	《塑料 在实验室条件下暴露于海洋环境基质中塑料材料降解率和崩解度测定试验方法》
18	海水—沉积物中	需氧	ISO 22404	20202643-T-469	《塑料 暴露于海洋沉积物中非漂浮材料最终需氧生物分解能力的测定 通过分析释放的二氧化碳的方法》
19	嗜温条件	需氧	ISO/CD 5148	尚未转化	《塑料 在嗜温实验室试验条件下固体塑料材料需氧生物降解率和消失时间（DT50）测定》
20	受控污泥	厌氧	ISO 13975	GB/T 38737	《塑料 受控污泥消化系统中材料最终厌氧生物分解率测定 采用测量释放生物气体的方法》
21	土壤	需氧	ISO 17556	GB/T 22047—2008	《土壤中塑料材料最终需氧生物分解能力的测定 采用测定密闭呼吸计中需氧量或测定释放的二氧化碳的方法》
22	土壤	需氧	ISO/FDIS 23517	尚未转化	《塑料 农业和园艺用生物降解地膜 生物降解、生态毒性和成分控制的要求和试验方法》

12.5　主要国际堆肥降解认证信息

主要国际堆肥降解认证信息见表 12-7。

表 12-7　主要国际堆肥降解认证信息

项目	中国生物降解塑料与制品"jj"标识	德国 DIN CERTCO 可堆肥认证	美国 BPI 可堆肥认证
认证标准	GB/T 41010—2021	EN 13432/EN 14995	ASTMD 6400/ASTM D6868
认证机构	生物降解材料"jj"标识溯源平台	DIN CERTCO（德国标准化协会）	BPI（可降解产品协会，Biodegradable Products Institute）
认证标志			
适用范围	工业堆肥环境	工业堆肥环境	工业堆肥环境
认证要求	有机物成分≥51%		
	重金属及特定元素含量限量		
	所使用的所有材料应符合国家在某些领域产品或禁用危险物的法律规定		
	工业堆肥条件：生物降解率≥90%（180 天）、崩解率≥90%（12 周）		
	降解产物植物毒性试验出苗率应≥90%、且干生物质比应≥90%		
	降解产物的蚯蚓试验存活率和重量应大于等于90%		
申请流程	在线申请	在线申请	在线申请
	第三方检验报告等	实验室样品测试	批准实验室测试
	资料审核、专家评审	资料审核	成分审核
	自愿登记、免费注册	年度确认或复审	年度续费和监管
标志使用	溯源平台公告、发放溯源标识二维码	可授权使用 DIN"可堆肥"标志	可授权使用 BPI"Compostable"标志

第13章 聚乳酸的回收利用

聚乳酸作为碳中和时代的战略性生物基材料，是一种低碳、生物基、全降解高分子材料。它由可再生植物资源（如玉米、木薯等）中提取的淀粉原料，经过糖化、发酵和化学合成等步骤制备而成。聚乳酸生物基含量100%，生物基来源树脂，比传统石油基聚合物碳足迹减少75%，是公认替代石油基塑料最具前景的环境友好材料，在多个领域展现出广泛的应用前景。

PLA的可持续发展仍面临双重悖论：经济性层面，原料成本中乳酸发酵占40%、丙交酯开环聚合占35%，导致终端价格（约2万元/吨）约是聚丙烯的3倍；环境性层面，其"可降解"标签依赖高温高湿工业堆肥（需满足ISO 14855标准），在工业堆肥条件（55~70℃，湿度>60%）下，PLA仅需8~12周即可降解为CO_2和H_2O，但该过程既不符合回收材料价值，也无法应对占全球垃圾处理量70%的填埋场景。

因此，在不断加强PLA材料制备技术研究的同时，废旧PLA回收利用技术的研发也日益受到人们的关注。

目前，构建PLA全生命周期管理体系已成为行业可持续发展的重要课题。如图13-1所示，PLA的绿色价值实现依托"原料—生产—应用—再生"的闭环

图13-1　PLA生命周期示意图

循环体系。这种从"末端治理"向"循环再生"的范式转变，不仅大幅降低传统填埋焚烧的碳足迹，更推动 PLA 从"可降解材料"升级为"负碳载体"，为生物基材料产业树立了资源闭环再生的创新范式。

13.1 聚乳酸处理/回收途径

废弃 PLA 制品的回收处理需根据其污染程度、杂质含量及再生价值选择合适的工艺，其处理和回收的途径主要分为生物分解、掩埋或焚烧、物理回收、化学回收及酶法回收五大类（图 13-2）。

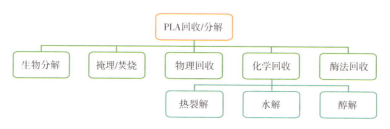

图 13-2   PLA 回收及分解途径

（1）生物分解

依赖堆肥环境中的微生物降解，常规填埋需百年以上周期，工业堆肥须在 55~70℃、50%~60% 湿度条件下经 6~8 周完成降解，存在时空局限性。

（2）掩埋或焚烧

作为终极处置手段，焚烧处理适用于混杂有毒物质（如农药容器）或高污染的废弃物，虽可实现能源回收但彻底阻断了材料循环利用通道。针对严重污染的混合 PLA 废弃物，瑞士 Clariant 公司开发了催化气化工艺（Cat HTR），在 350℃ 下将 PLA 转化为高热值合成气（H_2/CO 占比>80%），碳转化效率达 95%，同时捕集降解产生的 CO_2 用于微藻固碳。该技术已与英国再生能源电网并网运行，每吨 PLA 废弃物可产生 4.2MWh 清洁电力。

（3）物理回收

主要通过机械手段对废弃 PLA 制品进行处理，使其重新成为可用的材料。具体方法包括机械粉碎再生和熔融再加工。机械粉碎再生是将废弃的 PLA 制品进行清洗、粉碎，得到 PLA 碎片或颗粒，然后通过熔融挤出等工艺，制备再生 PLA 材料；熔融再加工是直接将废弃的 PLA 制品加热熔融，经过过滤、脱气等处理后，重新制备成型制品。物理回收作为废弃 PLA 处理的重要方式，具有工艺简单、成本较低的优势。虽然物理回收方法简单且成本较低，但可能会导致分子链断裂，造成材料力学性能下降，因此仅能降级用于低端注塑产品。

德国 Fraunhofer 研究所开发的 CreaSolv® 动态溶剂纯化技术，通过二甲苯/环己酮混合溶剂选择性溶解 PLA 污染物，使回收料拉伸强度恢复至原生料的 92%，且能耗比原生 PLA 生产降低 47%。荷兰 Cumapol 公司已建成年处理 2 万吨 PLA 废料的产业化装置，产出回收粒子成功应用于食品接触级包装。

然而，物理回收对废料的洁净度和性能要求较高，适用于未受污染、性能尚可的 PLA 废料。对于降解严重或混杂污染的 PLA 废料，化学回收等其他方式可能更为适宜。随着技术的不断进步和企业的积极实践，PLA 的回收利用将更加高效和多元化，有助于构建绿色循环经济，促进可持续发展。

（4）化学回收

采用解聚技术将 PLA 还原为乳酸单体或低聚物，重构为高性能 PLA 材料。化学回收虽需较高设备投资及技术门槛，却实现了材料的闭环再生，是当前重点发展的绿色技术路径。

化学回收技术通过解聚反应将废弃 PLA 高分子裂解为单体或小分子衍生物，经纯化后即可重新聚合生产 PLA，也可转化为其他高附加值化学品。相较于传统回收工艺，化学解聚法具有显著优势：其对原料杂质的容忍度高，可实现混杂塑料、色素和添加剂等物质的同步处理，通过后续分离纯化即可获得高纯度单体。化学回收技术的突破不仅完善了聚乳酸材料"生物基—可回收—全降解"的闭环特征，更构建了从生产到再生利用的绿色循环体系，有效弥补了行业长期存在的"重降解、轻回收"发展短板，为全球碳中和目标及可持续发展提供了创新解决方案。如图 13-3 为 PLA 的合成与降解示意图。

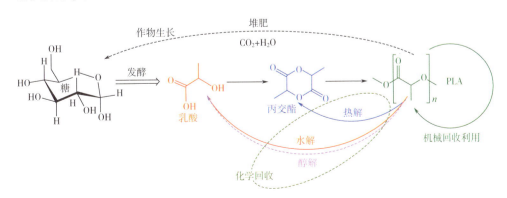

图 13-3　PLA 的合成与降解示意图

PLA 的化学回收技术主要分为热张聚法、水解法及醇解法。

①热裂解法是利用高温解聚 PLA 的方法。PLA 热解通常需要在较高反应温度下促使 PLA 分子链发生断裂，并在减压条件下蒸馏分离出热解的小分子化合物，从而促进反应正向进行。研究表明，PLA 在 200℃ 以上的热降解主要包括水的残基引发的水解反应、解聚反应、主链的随机断裂反应以及分子内和分子间的酯交换反应。聚乳酸回收热解制备丙交酯主要包含原料预处理、熔融、断链、解聚、纯化等步骤，回收聚乳酸（rPLA）经破碎水洗干燥预处理后经螺杆熔融挤出，加入催化剂在预解聚釜中进行断链，再进入解聚釜中于 200～220℃ 减压条件下得到粗品产物，后经纯化工序得到丙交酯。由于在裂解过程中，回咬反应、酯交换反应和消除反应同时存在，所以无论是以乳酸为原料还是以回收聚乳酸为原料，产生的丙交酯均以 L-丙交酯为主，混合部分为消旋丙交酯。

②水解法是 PLA 化学回收常用的一种方法，通常在高温或强酸性/碱性条件下通过体积或表面侵蚀来实现，水解催化剂主要包括无机酸和碱，如磺酸、盐酸、氢氧化钠和氢氧化钾等。具体水解机制取决于水的扩散速率和断键速率，而断键速率又取决于分子量、聚合物尺寸、pH 和温度。乳酸是最常见的 PLA 水解产物，基于乳酸可进一步转化为其他系列有价值的化工原料（图 13-4）。

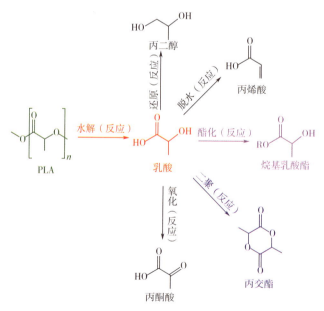

图 13-4　聚乳酸水解及转化为小分子化合物

③醇解法是利用活化的醇羟基与 PLA 中酯键发生作用，从而生成乳酸酯低

聚物并最终转换为乳酸酯的方法。PLA 与不同醇醇解可得到相应的乳酸烷基酯，最常用的方法是与甲醇醇解得到乳酸甲酯（Me-La）（图 13-5），与乙醇醇解得到乳酸乙酯等。离子液体类、有机碱类、金属化合物类是目前研究中受到广泛关注的醇解催化剂。醇解生成的乳酸酯可作为绿色溶剂，具有良好的生物降解性和低毒性。除此以外，PLA 醇解后可通过扩链反应或再聚合反应制备新的聚合物。例如采用 1,4-丁二醇（BDO）和丙二醇（PG）醇解法制备中型聚乳酸基二醇，并将其用作多元醇，通过与 1,6-二异氰酸酯己烷（HDI）反应制备聚氨酯（PU），PLA 基 PU 具有高弹性和与 PLA 的高相容性，适合作为脆性 PLA 树脂的增韧剂。此外也可以将废弃的 PLA 塑料解聚得到 PLA 断链，然后与新添加的丙交酯单体进行重新聚合，生成高质量 PLA 新材料。

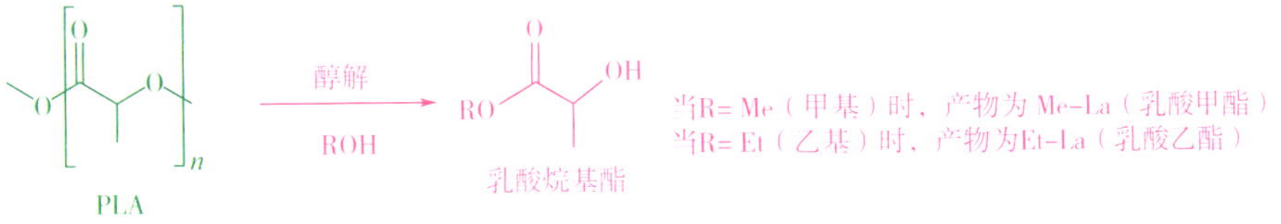

图 13-5　聚乳酸醇解制乳酸烷基酯

13.2　聚乳酸企业化学回收产业化进展

13.2.1　Total Corbion PLA 公司：再生 PLA 商业化先驱

Total Corbion PLA（TCP）于 2021 年率先实现聚乳酸化学循环工业化，其 Luminy® rPLA 为全球首批商业化闭环再生生物塑料之一，含 30% 消费后回收成分，性能与原生 PLA 等效，并通过 FDA 食品接触认证。

根据道达尔科碧恩在 2022 年发布的《PLA 可回收的白皮书》中可知，Luminy® rPLA 等级包含 20% 或 30% 的回收成分。PLA 通过水解解聚以重新生成完全相同的 PLA 树脂的能力，使其成为一种循环材料。新的回收聚乳酸保持相同的质量和食品接触批准。

Total Corbion 公司的化学回收技术以水解解聚为核心，通过将废弃 PLA 分解为乳酸单体，再聚合生成再生 PLA（rPLA），形成"聚合物—单体—聚合物"的闭环循环系统。废弃 PLA 经过分类和清洗（预处理系统可清除 5% 非 PLA 杂质，如 PE/PP 混入物）后，进入水解反应器。在高温高压（150~180℃、2~3MPa）条件下，PLA 废弃物催化水解为 L-乳酸单体。乳酸单体纯化光学纯度（>99.5%）

与化学纯度（>99.9%）均达到食品接触级标准，可用于重新聚合生成 rPLA，其性能与原生 PLA 完全一致。

Total Corbion 在泰国罗勇府基地建成了 2.5 万吨/年一体化生产线，实现"废弃物→rPLA"72h 转化周期。与欧洲回收联盟共建分拣中心，PLA 包装物回收率提升至 40%，再生成本较原生料降低 18%。通过 SCS 认证的 rPLA 已应用于汽车内饰件（减重 30%）、3D 打印医疗支架（孔隙率控制±2μm）等高端领域，其循环回收示意图如图 13-6 所示。

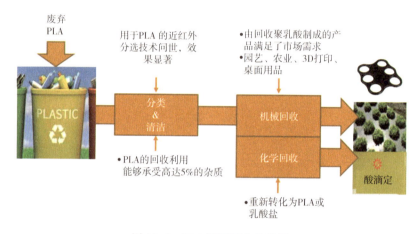

图 13-6　PLA 循环回收示意图

13.2.2　比利时 Galactic 公司：构建 PLA 化学循环的工业闭环

比利时 Galactic 公司开发出一种生物塑料回收系统 LOOPLA，使用化学回收法将 PLA 废弃物解聚转化为高纯度乳酸，再将回收乳酸重新用于制造新 PLA，形成一个"从摇篮到摇篮"的循环。

将 PLA 碎片或含有 PLA 的共混聚合物用乳酸酯进行溶解，同时分离固体杂质（如非 PLA 的不溶聚合物），然后将所得溶液在 80~180℃，低压或 10^4~10^6Pa 压力下，存在或不存在催化剂条件下水解获得乳酸或其一种衍生物，经纯化后获得 L-乳酸单体满足食品级 PLA 再生产标准。采用多级过滤+溶剂萃取体系，可去除 PLA 制品中的色素、增塑剂及 5%以下的非 PLA 杂质（如 PET 混入物），解决传统机械回收无法处理的污染问题。该化学回收技术可以处理各种形状和尺寸的 PLA 废弃物，能有效分离物理杂质、添加剂、颜色和其他可能的污染物，并且回收的乳酸可达高光纯聚合物级别，直接用于原生级 PLA 合成。

目前，Galactic 在比利时的埃斯卡纳夫勒运营的化学回收示范工厂年处理

PLA 废弃物 1500t，原料涵盖工业边角料（占比 65%）及市政活动回收物（如赛事餐具、农膜等）。这一"废弃物—乳酸—PLA"的闭环模式，为欧盟 2030 年塑料包装回收率 55% 的目标提供了可复制的工程化路径。通过子公司 Futerro 在法国诺曼底的 PLA 聚合工厂，年产量 5 万吨将回收乳酸无缝衔接至新产线，使生物基原料（如玉米淀粉）使用量减少 30%，单吨 PLA 碳排放降低 1.2t。

13.2.3 光华伟业（eSUN 易生）：聚乳酸化学回收技术体系构建者

光华伟业（eSUN 易生）基于十余年技术积淀，聚焦聚乳酸化学回收及高值化利用，形成了"解聚—提纯—衍生"全链条技术体系。

2012 年，eSUN 易生正式提交了"一种回收聚乳酸制备精制级丙交酯的方法"的专利申请，并于 2014 年成功获得授权。

2022 年 6 月 15 日，中国轻工业联合会组织并主持召开了"乳酸与回收聚乳酸为原料制备丙交酯及应用技术"项目技术鉴定会，鉴定委员会一致认定其在聚乳酸升级回收制备乳酸酯方面达到国际领先水平。

该项目技术将回收的聚乳酸材料经破碎后通过双螺杆熔融挤出进入预解聚釜，在 180~250℃、催化剂存在的条件下，使聚乳酸熔体分子链发生断链反应，数均分子量调控至 <5000。断链生成的聚乳酸低聚物在 150~250℃、−0.1~−0.09MPa 真空条件下发生解聚生成粗品丙交酯，粗品经精馏、熔融结晶进行分离提纯得到化学纯度 >99.5%，光学纯度 ≥99.9% 的精制级丙交酯。

光华伟业通过酯交换技术将内消旋丙交酯、低聚物等副产物转化为乳酸酯产品，解决了副产物处理问题，提高了资源综合利用率。此外，光华伟业还开发了熔融结晶制备高光学纯度丙交酯的技术，实现了丙交酯光学纯化的关键设备国产化；在丙交酯基础上开发了系列聚乳酸共聚物和多元醇，并实现了连续化合成工艺。

光华伟业 2011 年建成国内首条千吨级聚乳酸化学回收线，2011—2013 年累计回收处理废弃聚乳酸膜料、纤维料约 2000t，生产丙交酯（溶剂重结晶工艺）约 100t，电子级乳酸乙酯约 3000t。

光华伟业已实现了聚乳酸化学回收的产业化应用，通过回收聚乳酸得到丙交酯进而用于生产多种"双高"乳酸酯（高化学纯、高光学纯乳酸酯），或者聚乳酸多元醇。形成了 PLA 回收到乳酸酯、生物基多元醇的完整产品矩阵。

13.2.4 惠通科技：打造聚乳酸化学再生技术高地

扬州惠通科技股份有限公司（简称惠通科技）基于在生物降解材料工程技术服务领域的行业经验及聚乳酸（PLA）领域的技术积累，于 2021 年 7 月投资设立子公司"扬州惠通生物新材料有限公司"，以实施年产 10.5 万吨聚乳酸及全生物基可降解材料系列产品研发生产项目。目前一期年产 3.5 万吨聚乳酸项目启动试生产，首批合格产品顺利下线。项目采用自主研发的丙交酯生产装备与技术，引进国外先进的提纯、聚合专利技术及部分核心关键设备，同时依托自有聚乳酸系列改性与加工技术、化学回收技术，构建起"乳酸—丙交酯—聚乳酸—再生材料"闭环产业矩阵。

扬州惠通聚焦聚乳酸化学闭环循环技术，开发出一种有效回收废旧聚乳酸的方法及系统。利用自主开发的装备及催化剂体系，将聚乳酸废物的断链解聚反应温度降低至 170~200℃，同时减少副反应、缩短停留时间，能耗降低 40%，丙交酯的回收率>95%。裂解制备的粗品经提纯得到化学纯度>99.95%、光学纯度>99.9%的高纯丙交酯可直接二次利用。

与传统的聚乳酸回收得到乳酸酯类化合物相比，扬州惠通摒弃传统酸碱催化剂，采用几乎零溶剂的绿色再生工艺，通过自主设计的高效反应器，即可由聚乳酸废弃物直接获得丙交酯单体，实现单体—聚合物—单体的循环，适用于各种聚乳酸、聚乳酸共聚物及其共混废弃物的回收利用。该回收技术可处理任何含油、颜色（例如，有色杂质、有色体）及 5%非 PLA 杂质（如 PBAT 共混物）的复杂废料，回收料利用率提升至 85%。

扬州惠通已完成废弃聚乳酸化学回收小试相关工作，千吨级化学回收装置建设和研发工作正稳步推进。惠通致力于推动 PLA 行业从"高价替代"转向"循环盈利"模式，其产业化实践为全球 PLA 循环经济提供中国方案。

13.2.5 安徽丰原—四川大学：开创聚乳酸化学循环新范式

2021 年 9 月，安徽丰原生物纤维股份有限公司与四川大学达成战略合作，由王玉忠院士团队主导的聚乳酸化学闭环循环技术获得产业化投资，安徽丰原将投入上亿元经费支持王玉忠院士团队这项研究成果实现产业化。该技术突破传统回收局限，旨在构建"PLA 废弃物—高性能材料—再生单体"循环升级路径，如图 13-7 所示。

四川大学王玉忠院士团队在生物基与生物降解高分子材料方面已开展了三十多年的研究工作，在国际上率先提出了一次性使用高分子材料制品应发展可反复化学循环的生物降解高分子材料这一理念。他们提出了一种无溶剂、低催化剂添加量的一锅法回收方法，能够高效地将 PLA 及其废弃一次性塑料制品回收为性能更优的聚合物，即 PLA 基聚氨酯（PLA—PU）。该回收路线包括醇解 PLA 为链两端含羟基的 PLA 低聚物，以及随后在不需纯化分离而直接进行的扩链反应。

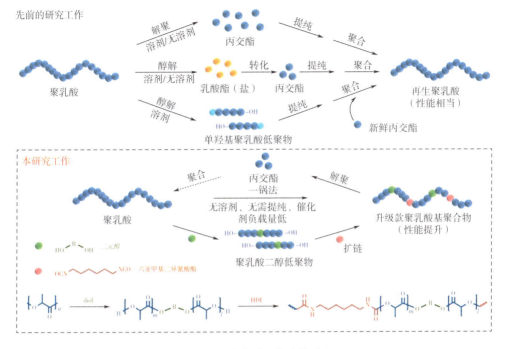

图 13-7　聚乳酸回收路线对比

PLA—PU 可以通过注塑、熔纺和 3D 打印等方式加工，由于氨酯键和二醇链段的引入，PLA—PU 具有优于 PLA 的力学性能。该方法同样可以应用于消费后的吸管、杯盖、勺子和塑料杯等 PLA 基一次性塑料制品的回收。此外，PLA—PU 可以在真空条件下直接解聚成单体 L-丙交酯，并具有较高的产率，展示了其优异的可解聚回收性。

13.2.6　CARBIOS 公司：酶法回收技术的全球领跑者

酶法回收是采用工程化脂肪酶/蛋白酶定向分解 PLA 的方法，兼具高效率（常温降解率>90％）与环境友好特性，作为新兴技术正加速产业化应用。

通过修饰工业用酶（如洗衣粉中的水解酶）或筛选特定微生物来源的酶（如假单胞菌分泌的酯酶），实现对 PLA 分子链中酯键的靶向切割。酶降解具有高的选择性，通过结合 PLA 表面活性位点，仅针对 PLA 分子结构，避免杂质干扰，产物纯度较高，可直接解聚制备低聚物或转化为乳酸酯等化合物。酶降解具有低能耗与环境友好性的特点，酶法回收通常在温和条件（中性 pH、中低温）下进行，无须高温高压或强酸强碱，显著降低能耗和碳排放。酶催化 PLA 降解存在一些挑战，包括 PLA 的高结晶度阻碍酶接触内部酯键，需通过预处理（如热压塑形或溶剂溶胀）提高无定形区比例以增强酶效率；离子液体等反应介质可能抑制酶活性，需开发耐受性更强的基因工程酶或固定化酶技术；规模化应用存在瓶颈，主要是目前酶催化回收成本较高，需结合生物制造技术（如 CARBIOS 开发的酶工程平台）提升经济性。

　　法国 CARBIOS 是一家由 Truffle Capital 在 2011 年创立的生物技术公司，一直致力于生物解决方案的开发及其产业化，以重塑塑料和纺织品的生命周期为主要目标。通过酶定向进化技术，构建了"降解—再生—升级"的聚合物循环体系。CARBIOS 公司于 2014 年 11 月 23 日宣布，利用其专有的酶促过程可在 48h 内实现 PLA 废弃物 90% 以上的解聚（180℃→室温降解），如图 13-8 所示。

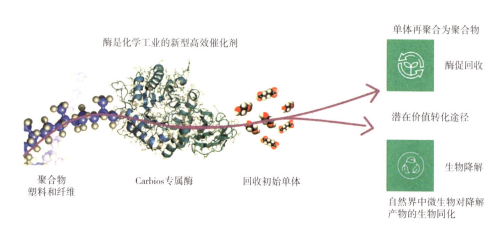

图 13-8　聚合物的酶促解聚

　　该公司的专利酶技术让 PLA 在室温下实现 100% 可堆肥降解，克服了这种生物材料当前仅能在工业条件和特定温度下降解的局限。在整个过程中，封装的 CARBIOS Active 酶直接融入柔性或刚性 PLA 包装的制造流程，无须改动生产线。只有在堆肥条件下，封装的酶才会被激活，从而促使包装生物降解。

　　此外，CARBIOS Active 成为首个使 PLA 基复合薄膜经其酶处理后获得 Tüv Austria "OK compost HOME" 认证的生物解决方案。CARBIOS 的 PLA 酶已获美国食品应用许可，其酶促生物降解技术使聚乳酸达到 100% 可堆肥状态。

13.3　技术挑战与未来方向

13.3.1　闭环回收体系构建

开发高效解聚—再聚合集成工艺，突破产物纯度（>99.5%）和能耗瓶颈（如微波辅助解聚能耗降低 40%），推动 PLA 从"可降解"向"可循环"升级。

13.3.2　催化机制优化

设计多级孔道催化剂（如 MOFs/分子筛复合材料）实现选择性断键，抑制副反应；探索光催化/电催化等绿色驱动方式，降低过程碳排放。

13.3.3　多材料兼容性

针对 PLA/传统塑料（如 PE、PET）混合废弃物，开发界面相容剂或梯度解聚技术，解决多组分分离难题，提升复杂体系回收经济性。

13.3.4　政策与产业链协同

建立 PLA 废弃物分类标准与全生命周期数据库，通过"生产者责任延伸制"激励闭环设计，结合碳交易机制提升再生 PLA 市场竞争力。

13.3.5　生物—化学协同回收

耦合酶催化解聚与化学重整（如乳酸脱氢酶催化 LA 转化为丙烯酸），拓展高值化学品合成路径。

13.3.6　智能降解调控

通过分子结构设计（如引入动态共价键）实现 PLA 降解速率按需调控，匹配不同回收场景需求。

13.4　小结

构建"物理再生—化学循环—酶法降解"的梯级处理体系，已成为平衡

PLA 材料环保属性与经济可行性的关键策略。

　　PLA 回收技术正从单一降解向高值化、智能化方向发展，未来需通过多学科交叉（材料—化学—生物—工程）突破技术经济性壁垒，构建"设计—制造—回收—再生"全链条循环模式，支撑生物基材料在碳中和战略中的核心作用。

参考文献

［1］ 赵鹏鑫，翁晓煊，吴红，等. 生物基聚乳酸纤维的研究现状与发展趋势［J］. 合成纤维工业，2025，48（3）：66-74.

［2］ 布美热木·克力木，丁建萍，张志峰. 生物可降解聚乳酸（PLA）的合成方法及应用［J］. 聚酯工业，2023，36（2）：26-31.

［3］ 刘新军，陈健，张奇，等. 生物可降解聚乳酸材料的两种主要化学合成方法及其应用［J］. 当代化工研究，2025（4）：106-108.

［4］ 鲁天怡，李爱朋，费强. 生物合成聚乳酸研究进展［J］. 生物技术通报，2025，41（4）：47-60.

［5］ 毛晓阳. 大位阻配合物的合成及在线性和环状聚酯合成中的应用［D］. 兰州：兰州大学，2023.

［6］ 张成一. 新型生物可降解高分子材料的合成及应用［J］. 石化技术，2023，30（12）：30-32.

［7］ MEI L，REN Y M，GU Y C，et al. Strengthened and thermally resistant Poly（lactic acid）-Based composite nanofibers prepared via easy stereo complexation with antibacterial effects［J］. ACS Applied Materials & Interfaces，2018，10（49）：42992-43002.

［8］ 王仕通，黄凯，刘祥，等. 聚乳酸立构复合晶的制备与性能研究进展［J］. 合成树脂及塑料，2025，42（1）：80-86.

［9］ 郑思铭. 立构复合聚乳酸纤维的协同阻燃改性及其机理研究［D］. 无锡：江南大学，2024.

［10］ ZHU J T，CUI H S，SHI X N，et al. Preparation of stereo complex polylactic acid fiber and evolution of crystal structures［J］. Materials Letters，2023，349：134744.

［11］ ENDO K，FUSE M，KATO N. Interactions b/w collagen and polylactic-acid molecular models due toDFT calculations［J］. Journal of Biomedical Research &

Environmental Sciences，2022，3（5）：537-546.

［12］聚乳酸材料研发现状与产业前瞻［J］．纺织科学研究，2024（Z2）：16.

［13］邓伊均，王小康，陈思瀚．可降解材料聚乳酸（PLA）在家居产品中的应用及趋势研究［J］．家具与室内装饰，2023，30（10）：41-45.

［14］刘荣欣，胡萍．聚乳酸/棉混纺织物的服用性能［J］．河南工程学院学报（自然科学版），2020，32（1）：1-4.

［15］陶永亮，王旭丽，周鑫．聚乳酸纤维在纺织中的应用［J］．天津纺织科技，2024（1）：44-47.

［16］杨辉，李立．聚乳酸基可生物降解薄膜在食品包装领域的研究进展［J］．包装工程，2025，46（9）：52-63.

［17］曹乐，贾仕奎，张奇锋，等．紫外老化对聚乳酸结晶及力学性能的影响［J］．高分子材料科学与工程，2020，36（7）：60-66.

［18］付丹丹，王晨，杨进军．高效阻燃和抑烟的新型聚乳酸基复合材料［J/OL］．天津理工大学学报，1-8［2025-06-30］．http：//kns.cnki.net/kcms/detail/12.1374.N.20250529.1157.016.html.

［19］王金瑞，贺燕燕，程文喜，等．聚乳酸抗菌复合材料的研究进展［J/OL］．精细化工，1-13［2025-06-30］．https：//doi.org/10.13550/j.jxhg.20250189.

［20］绪娟．聚乳酸纤维耐热性和耐酸碱性研究［D］．上海：东华大学，2012.

［21］张京彬，闻伯涛，周延钊，等．聚乳酸面料的染色工艺［J］．毛纺科技，2024，52（11）：33-38.

［22］孟亚彬，孙万意，迟晓光，等．PBAT、PLA和PLA/PBAT共混塑料包装袋的碳足迹分析［J］．当代化工研究，2023（3）：46-48.

［23］韩佳旭，王莉，帅赟祺，等．固定化乳酸菌生产乳酸工艺条件的优化［J］．发酵科技通讯，2024，53（4）：230-236.

［24］陈龙，牟童，李杨，等．丙交酯的合成研究进展：催化机制与挑战［J］．山东化工，2025，54（9）：85-89.

［25］丁茜，朱和平．废弃聚乳酸分选、堆肥与回收利用研究进展［J］．塑料工业，2025，53（4）：29-36.

［26］COSSE R L，VAN DER MOST T，VOET V S D，et al. Improving the long-term mechanical properties of thermoplastic short natural fiber compounds by using alternative matrices［J］．Biomimetics，2025，10（1）：46.

［27］张瑞云. 聚乳酸纤维包芯纱性能及产品开发研究［D］. 上海：东华大学，2013.

［28］郭盛. 聚乳酸纤维的晶体结构与性能研究［D］. 上海：东华大学，2023.

［29］吕世杰. 改性聚乳酸纤维成形工艺调控及性能研究［D］. 杭州：浙江理工大学，2023.

［30］潘晓娣，钱明球. 单/双组分 PLA 短纤维的制备及非织造应用研究［J］. 合成技术及应用，2023，38（1）：33-37.

［31］赵博. 聚乳酸纤维的可纺性研究及产品开发［J］. 上海纺织科技，2005，33（6）：50-51，53.

［32］李义有，蒋卫华，张绿英. 聚乳酸纤维及其纱线的生产工艺［J］. 西安工程科技学院学报，2006，20（6）：692-695.

［33］王鑫，张玉清，于湖生. 玉米纤维纱线纺纱工艺及其性能探究［J］. 山东纺织科技，2012，53（2）：7-9.

［34］李瑞洲，赵立环. 聚乳酸纤维赛络纺工艺研究［J］. 上海纺织科技，2009，37（1）：14-16.

［35］张智荣，刘玉森，张明立. 聚乳酸纤维棉纤维混纺纱的纺制［J］. 棉纺织技术，2009，37（6）：367-369.

［36］单丽娟，李亚滨. 聚乳酸棉混纺纱混纺比对成纱性能的影响［J］. 棉纺织技术，2010，38（1）：34-36.

［37］谭震，杨庆斌，刘元鹏. 聚乳酸纤维混纺纱松弛性能及建模的研究［J］. 山东纺织科技，2007，48（5）：1-3.

［38］于璐，凌明花，谢黎. 聚乳酸（玉米）混纺纱强伸性与混纺比之间的关系［J］. 西安工程大学学报，2010，24（3）：290-293.

［39］徐珍珍，李卫星. 聚乳酸天丝纤维混纺纺纱工艺探讨［J］. 广西轻工业，2010，26（9）：118-119，141.

［40］赵立环，谢鹏远，徐伟健. 阻燃黏胶、聚乳酸混纺阻燃纱及面料性能研究［J］. 针织工业，2014（11）：12-14.

［41］JABBAR A，TAUSIF M，TAHIR H R，et al. Polylactic acid/lyocellfibre as an eco-friendly alternative to polyethylene terephthalate/cotton fibre blended yarns and knitted fabrics［J］. The Journal of the Textile Institute，2020，111（1）：129-138.

［42］ MANICH A M, MIGUEL R, DOS SANTOS SILVA M J, et al. Effect of processing and wearing on viscoelastic modeling of polylactide/wool and polyester/wool woven fabrics subjected to bursting ［J］. Textile Research Journal, 2014, 84 （18）: 1961-1975.

［43］ 张瑞云, 郭建生. 聚乳酸纤维/氨纶弹力包芯纱的开发 ［J］. 山东纺织科技, 2012, 53 （6）: 11-14.

［44］ 樊愈波, 郭建生. 聚乳酸纤维包芯纱的开发 ［J］. 棉纺织技术, 2011, 39 （12）: 43-45.

［45］ 葛翔. 苎麻/聚乳酸纺织复合材料的制备与研究 ［D］. 武汉: 武汉纺织大学, 2015.

［46］ 耿雪艳. 苎麻/聚乳酸包覆纱三维多孔复合材料的制备及性能研究 ［D］. 上海: 东华大学, 2014.

［47］ 刘淑强, 吴改红, 孙卜昆, 等. 聚乳酸长丝与棉的 Sirofil 纺纱工艺及拉伸性能 ［J］. 合成纤维, 2013, 42 （9）: 35-38.

［48］ 杜梅, 赵磊, 赵静, 等. 棉/聚乳酸/莫代尔/涤纶四组分 sirofil 复合纱性能 ［J］. 纺织科技进展, 2012 （6）: 36-37, 40.

［49］ 秦潇璇, 魏艳红, 苏旭中, 等. 聚乳酸纤维抗菌复合纱的开发 ［J］. 棉纺织技术, 2020, 48 （7）: 35-38.

［50］ 黄一玮, 王迎, 裴雪青. 壳聚糖/聚乳酸包芯纱编织神经导管支架材料的性能 ［J］. 上海纺织科技, 2022, 50 （8）: 50-52.

［51］ 张德伟, 杨伟峰, 张青红, 等. 共轭电纺法制备聚乳酸纳米纤维能源纱线及其应用 ［J］. 功能材料, 2021, 52 （9）: 9055-9061.

［52］ 吴改红, 刘淑强, 荆云娟, 等. 可生物降解聚乳酸并捻长丝纱的制备及性能研究 ［J］. 丝绸, 2013, 50 （3）: 14-18.

［53］ YANG Y D, JU Z X, TAM P Y, et al. Sustainable profiledpoly （lactic acid） multifilaments with high moisture management performance for textiles ［J］. Textile Research Journal, 2022, 92 （21/22）: 4298-4312.

［54］ GAJJAR C R. Process—property relationships for melt-spun poly （lactic acid） yarn ［J］. ACS omega, 2021, 6 （24）: 15920-15928.

［55］ 杨佩琴. 聚乳酸纺熔非织造布的开发及应用前景 ［J］. 纺织导报, 2021 （11）: 76-78.

［56］肖家坛. 聚乳酸纺熔非织造材料结构调控及性能研究［D］. 天津：天津工业大学，2021.

［57］王镕琛，张恒，孙焕惟，等. 医疗卫生用聚乳酸非织造材料的制备及其亲水改性研究进展［J］. 中国塑料，2022，36（5）：158-166.

［58］石小华，郭荣辉. 聚乳酸基生物可降解熔喷非织造材料的研究进展［J］. 纺织科学与工程学报，2025，42（1）：105-112，154.

［59］张寅江，王惠婷，徐朱宏，等. 熔喷工艺参数对聚乳酸非织造材料力学性能的影响［J］. 纺织工程学报，2024，13（6）：33-40.

［60］张惠琴，吴改红，刘霞，等. 生物可降解聚乳酸防护口罩的开发及性能评估［J］. 纺织学报，2025，46（3）：116-122.

［61］韩秀丽. 聚乳酸纺粘/熔喷/水刺非织造材料制备及单向导湿性能研究［D］. 天津：天津工业大学，2023.

［62］韩秀丽，王春红，高涵超，等. 水刺工艺对医用复合非织造材料防水透湿性的影响［J］. 毛纺科技，2023，51（9）：24-31.

［63］王国锋，孙焕惟，张恒，等. 医用熔喷/水刺非织造材料的热复合工艺及其液体非对称传输性能［J］. 工程塑料应用，2021，49（10）：73-80.

［64］刘双营，商延航，徐艳峰. 功能型个人护理用品水刺非织造表层材料的开发［J］. 山东纺织科技，2013，54（6）：48-51.

［65］郑玉琴，任元林. 聚乳酸非织造布的开发及应用［J］. 非织造布，2009，17（3）：13-15.

［66］常杰，刘亚，程博闻. 聚乳酸纺粘非织造布的研究进展［J］. 天津工业大学学报，2013，32（4）：37-42.

［67］胡俊杰，张恒，高超，等. 熔喷/热风非织造布的热复合工艺及其液体非对称传输性能［J］. 产业用纺织品，2022，40（6）：12-19.

［68］李明，才英杰，赵闵. 双组分聚乳酸纤维热风非织造布的制备及性能［J］. 产业用纺织品，2024，42（3）：12-18，32.

［69］朱绍存，聚乳酸（PLA）纺粘热轧无纺布的研发与应用. 山东省，山东泰鹏环保材料股份有限公司，2018-11-07.

［70］陶丽珍. 聚乳酸纤维热轧非织造布热轧温度的优化［J］. 产业用纺织品，2013，31（9）：21-23，27.

［71］陈明芬. 纸基纤维复合材料的制备与性能研究［D］. 天津：天津科技大

学，2020.

[72] 范玉敏，汤人望，胡晓东，等. 聚乳酸纤维在湿法非织造材料生产中的抄造性能 [J]. 中国造纸，2014，33（10）：31-35.

[73] 殷浩飞，朱宏伟，乔国华，等. 过滤和包装用生物可降解非织造材料应用进展 [J]. 棉纺织技术，2022，50（S1）：32-37.

[74] 王春红，王瑞，沈路，等. 亚麻落麻纤维/聚乳酸基完全可降解复合材料的成型工艺 [J]. 复合材料学报，2008（2）：63-67.

[75] 王春红，贺文婷，王瑞. 利用静电纺丝技术制备纳米黏土/聚乳酸复合纳米纤维与其表征 [J]. 复合材料学报，2015，32（2）：378-384.

[76] 荆妙蕾，韩秀丽，王春红，等. 改性处理对汉麻秆粉/聚乳酸复合材料性能的影响 [J]. 塑料工业，2022，50（3）：99-105.

[77] 王妮，王春红，张红霞，等. 聚乳酸生物降解地膜研究进展 [J]. 塑料科技，2017，45（11）：115-119.

[78] 曾永攀. 可生物降解材料对聚乳酸的增韧改性研究进展 [J]. 塑料科技，2024，52（9）：153-160.

[79] DECOROSI F, EXANA M L, PINI F, et al. The degradative capabilities of new *Amycolatopsis* isolates on polylactic acid [J]. Microorganisms，2019，7（12）：590.

[80] ELSAWY M A, KIM K H, PARK J W, et al. Hydrolytic degradation of polylactic acid (PLA) and its composites [J]. Renewable and Sustainable Energy Reviews，2017，79：1346-1352.

[81] 李鑫榕，梁诗滟，胥菲菲，等. 新型生物可降解材料聚乳酸的研究进展 [J]. 广州化工，2024，52（22）：10-12.

[82] 朱金唐，石双友，施永明，等. 循环经济视角下聚乳酸的制备、回收和再利用 [J]. 纺织科学研究，2024（Z2）：26-30.

[83] 杨平. 绿色环保型全降解聚乳酸改性的研制 [J]. 环境与生活，2025（3）：82-86.

[84] 丁茜，朱和平. 废弃聚乳酸分选、堆肥与回收利用研究进展 [J]. 塑料工业，2025，53（4）：29-36.

[85] QI X, REN Y W, WANG X Z. New advances in the biodegradation of Poly (lactic) acid [J]. International Biodeterioration & Biodegradation，2017，117：

215-223.

［86］ TOSAKUL T, SUETONG P, CHANTHOT P, et al. Degradation of polylactic acid and polylactic acid/natural rubber blown films in aquatic environment ［J］. Journal of Polymer Research, 2022, 29 (6): 242.

［87］ 喻咏, 滕明才, 程前, 等. 聚对苯二甲酸—己二酸丁二醇酯/聚乳酸可降解复合材料的制备及其性能研究 ［J］. 化学推进剂与高分子材料, 2024, 22 (4): 56-60.

［88］ LIPSA R, TUDORACHI N, DARIE-NITA R N, et al. Biodegradation of poly (lactic acid) and some of its based systems with Trichoderma viride ［J］. International Journal of Biological Macromolecules, 2016, 88: 515-526.

［89］ GOTO T, KISHITA M, SUN Y, et al. Degradation of polylactic acid using sub-critical water for compost ［J］. Polymers, 2020, 12 (11): 2434.

［90］ SHALEM A, YEHEZKELI O, FISHMAN A. Enzymatic degradation of polylactic acid (PLA) ［J］. Applied Microbiology and Biotechnology, 2024, 108 (1): 413.

［91］ 张彦, 窦明, 郝松泽, 等. 聚乳酸微塑料 (PLA-MPs) 对小麦根际土壤理化性质及微生物群落的影响 ［J］. 环境科学: 1-19.

［92］ POLYÁK P, NAGY K, VÉRTESSY B, et al. Self-regulating degradation technology for the biodegradation of poly (lactic acid) ［J］. Environmental Technology & Innovation, 2023, 29: 103000.

［93］ GARG M, WHITE S R, SOTTOS N R. Rapid degradation of poly (lactic acid) with organometallic catalysts ［J］. ACS Applied Materials & Interfaces, 2019, 11 (49): 46226-46232.

［94］ Zhang B, Wang X F, Guo M, et al. Study on surface carboxylation modification and cytocompatibility of poly (lacticacid) ［J］. China Plastics, 2021, 35 (5): 17-23.

［95］ VASILE C, PAMFIL D, RÂPĂ M, et al. Study of the soil burial degradation of some PLA/CS biocomposites ［J］. Composites Part B: Engineering, 2018, 142: 251-262.

［96］ HONG M, CHEN E Y X. Chemically recyclable polymers: A circular economy approach to sustainability ［J］. Green Chemistry, 2017, 19 (16): 3692-3706.

［97］ MADHAVANNAMPOOTHIRI K, NAIR N R, JOHN R P. An overview of the recent developments in polylactide（PLA）research［J］. Bioresource Technology, 2010, 101（22）: 8493-8501.

［98］ 朱晓旭, 刘福胜, 宋修艳, 等. 聚乳酸材料的化学解聚研究进展［J］. 高分子材料科学与工程, 2022, 38（9）: 176-181.

［99］ MCKEOWN P, JONES M D. The chemical recycling of PLA: A review［J］. Sustainable Chemistry, 2020, 1（1）: 1-22.

［100］ MORÃO A, DE BIE F. Life cycle impact assessment of polylactic acid（PLA）produced from sugarcane in Thailand［J］. Journal of Polymers and the Environment, 2019, 27（11）: 2523-2539.

［101］ COSZACH P, BOGAERT J C, WILLOCQ J. Chemical recycling of PLA by hydrolysis: US8431683［P］. 2013-04-30.

［102］ COSZACH P, BOGAERT J C, WILLOCQ J. Chemical recycling of PLA by alcoholysis: US8481675［P］. 2013-07-09.

［103］ WILLOCQ J, et al. METHOD FOR PURIFYING AN AQUEOUSLACTIC ACID SOLUTION［P］, 欧洲专利: EP3455202A1, 2019-03-20.

［104］ 杨义浒等. 一种回收聚乳酸制备精制级丙交酯的方法［P］. 中国专利: CN102746270, 2012-10-24.

［105］ 杨义浒等. 一种由丙交酯和多元醇合成聚丙交酯多元醇的方法［P］. 中国专利: 103396535 A, 2013-11-20.

［106］ YANG YIHU, et al. METHOD FOR PREPARING REFINEDLACTIDE FROM RECOVERED POLYLACTICACID［P］. 美国专利: US20150065732A1, 2015-03-15.

［107］ LUO Z X, TIAN G Q, CHEN S C, et al. Solvent-free one-pot recycling of polylactide to usable polymers and their closed-loop recyclability［J］. Macromolecules, 2024, 57（14）: 6828-6837.

［108］ TOURNIER V, TOPHAM C M, GILLES A, et al. An engineered PET depolymerase to break down and recycle plastic bottles［J］. Nature, 2020, 580（7802）: 216-219.

［109］ NEF J U. Dissoziationsvorgänge in der zuckergruppe［J］. Justus Liebigs Annalen der Chemie, 1914, 403（2/3）: 204-383.

［110］ 任杰. 生物基化学纤维生产及应用［M］. 北京: 中国纺织出版社, 2018.

［111］于翠萍，李希，沈之荃. 丙交酯开环均聚合［J］. 化学进展 2007（1）：136-145.

［112］赵如亮. 纺丝用聚乳酸的合成及聚乳酸纤维性能［J］. 纺织科技进展 2006（6）：15-16.

［113］李杨，刘鹏，吴剑波，等. 双螺杆反应挤出法开环聚合制备聚乳酸的研究［J］. 合成技术及应用，2014，29（1）：1-5.

［114］胡祖明，陈蕾，潘婉莲，等. 聚乳酸切片干燥和热降解［J］. 纺织学报，2001（2）：60-61，68-73.

［115］解德诚. 聚乳酸短纤维生产工艺研究［J］. 合成纤维，2008（6）：36-39.